中国防腐木消费指南

马星霞　李惠明　张焕民　◇　主编

中国林业出版社
China Forestry Publishing House

图书在版编目（CIP）数据

中国防腐木消费指南 / 马星霞，李惠明，张焕民主
编. -- 北京 ：中国林业出版社，2025. 6. -- ISBN 978-
7-5219-3204-1

Ⅰ. S782.33-62

中国国家版本馆CIP数据核字第2025H7K055号

策划编辑：陈　惠
责任编辑：陈　惠

────────────────

出版发行：中国林业出版社
　　　　（100009，北京市西城区刘海胡同 7 号，电话 010-83143614）
电子邮箱：cfphzbs@163.com
网址：https://www.cfph.net
印刷：北京盛通印刷股份有限公司
版次：2025 年 6 月第 1 版
印次：2025 年 6 月第 1 次印刷
开本：787mm×1092mm　1/16
印张：13.5
字数：280 千字
定价：118.00 元

《中国防腐木消费指南》

编写委员会

主　编

马星霞　李惠明　张焕民

参　编

张光友　张景朋　蒋明亮　谢桂军　文庆辉　李　惠　田启魁　邵　闯

编撰单位

中国林业科学研究院木材工业研究所

江苏零界科技集团有限公司

国林怡景（靖江）木业科技有限公司

　　木材一直是人类的朋友，建筑、装饰、家具、工艺品等各类木制品与我们的生活密切相关。木材是四大材料（钢铁、水泥、塑料、木材）中唯一可再生的资源。我国各界已越来越认识到地球资源的有限性和过度开发利用不可再生材料的危害性，特别是对环境、生态、能源造成的不良影响。木材资源的高效有效利用，不仅对我国今后的中长期发展具有一定的影响，更将对我国林产工业的未来发展产生重大影响。

　　我国森林资源严重不足，已开始显现对木材工业发展的影响。而对木材资源的有效利用和高效利用，是缓解我国森林资源不足的一个重要手段。它包括两层含义：一是减少木材浪费；二是提高木材利用率。我国对提高木材利用率已有相当全面的认识，不仅对枝丫材、边角废料，甚至对树根都在尽量利用。但是对木材在贮存、运输、加工和使用过程中存在的浪费却认识不足。这种浪费和损失是指主观上未对木材进行适当保护，客观上致使木材变质、降等造成的材料浪费和经济损失。其包括3个方面：①原木在贮存、运输过程中由于变质、降等造成的浪费和损失。②木材在加工、运输过程中由于变质、降等造成的浪费和损失。③由于发生腐朽、虫害，导致木制品、木结构在使用过程中的寿命缩短，进而在短期内需要维修或更换导致的二次（或多次）投入（包括木材和资金），这也属于浪费和损失。为减少或杜绝这3种情况下的浪费和损失，应当对木材进行保护性防腐处理。

木材经过防腐处理可延长其使用寿命，特别是室外使用的木材，增加人工林木材用途，提高产品附加值，满足国内市场对环保型室外用木质产品快速增长的需求，对推动木材产业转型升级、节约资源具有重要意义。防腐木是经过防腐剂处理后具有防腐性能的改性木材。本书所述防腐木指经压力罐加压处理并经干燥窑干燥后的木材。衡量木材防腐处理质量的主要指标是防腐剂在木材中的保持量（载药量）和透入度，这两项指标直接影响防腐木的使用寿命。

自2005年以来，我国国内水载型防腐剂铜铬砷防腐剂（CCA）、季铵铜防腐剂（ACQ）处理的防腐木材年均增长率超过20%。但国内防腐木材的质量不一，有些工厂为节约成本、节约时间及达到外观颜色较淡的目的而使木材防腐处理前未充分干燥，使用防腐剂的浓度偏低，致使木材吸药量偏低；另外，对一些难以渗透的木材树种未刻痕、压力或时间不到位致使透入度偏低。加上环保压力，市场对防腐木消费信心下降。防腐木市场正在被别的产品，如塑木、铝合金等所替代和蚕食，一些设计单位、建设单位及业主开始拒绝使用防腐木，市场出现对防腐木的"信任危机"。

"十五"期间，我国开始研发环保型防腐剂，为防腐木注入新的活力。最早的铜唑使用案例历经十几年的检验，结果表明通过安全、合格的防腐剂处理能有效弥补木材本身易于降解弱点，显著延长其使用寿命。为推动木材防腐事业发展，相关政府部门牵头进行宣传推广，联合科研机构、防腐木生产企业、规划设计单位、工程建设单位，力求将木材防腐、延长木材使用寿命、节约资源这一好事做好，做成长盛不衰的百年产业。

当然，防腐木的使用也要经历"摇篮到坟墓"的过程，从防腐木生产、使用，到防腐木最终的回收及无害化处理，每一步的问题都应解决好，才能更好地应用这个产品。本书针对每一个环节都进行了问题阐述和方法探讨，是防腐木消费的全面指导性图书。

吴文强

2025年6月

　　木材是森林自然生态衍生出来的一部分，木材的自然特性和舒适性大大胜过于钢铁、水泥制品，人们的居住和生活离不开木材。防腐木是木材经过防腐剂处理使其具有一定的载药量和药剂透入度，能够保持防腐、防虫蚁功能，并延长使用寿命的建筑材料。相比于钢铁、混凝土和塑料，防腐木由天然木材原料加工制得，生产过程碳排放低；防腐木可以将二氧化碳长期固定在木材中，是延长木材储碳周期的重要途径，对减少大气中的二氧化碳含量、缓解气候变化具有积极作用。同时，防腐木的应用也减少了对人工林的砍伐和天然森林的依赖，节约和保护了森林资源。

　　我国从事防腐木研究和应用可追溯至20世纪50年代，早期主要应用于铁路枕木、电线杆和公路木桥，20世纪90年代主要应用于集装箱底板，从20世纪80年代至21世纪初，在大型古建筑修缮工程上得到大量应用；21世纪开始，防腐木在园林景观、市政工程、木结构建筑等户外领域应用，我国木材防腐事业得到前所未有的发展！但是，随着防腐木应用范围的扩大和市场需求的增长，有些不法商人为降低成本、缩短工期，导致防腐质量不达标，伪劣防腐木和"泡澡"防腐木在市场上鱼目混珠，使消费者产生"防腐木不防腐"的不良印象。近几年来，防腐木市场正在被别的产品，如塑木、重组竹等所替代，一些

设计单位、建设单位及消费者等开始拒绝使用防腐木及其制品，使原本在生态影响和碳足迹方面非常有竞争力的产品遭遇了信任危机。

为了让市场重拾防腐木消费信心，认识防腐木价值，推进防腐木应用，中国林业科学研究院木材工业研究所和江苏零界科技集团有限公司、国林怡景（靖江）木业科技有限公司联合发起《中国防腐木消费指南》的编写工作，该指南除了针对消费者、生产者、经销商、设计单位和建设单位的疑问进行解答外，特别收录了我国早期防腐木应用典型案例，以展示防腐木的优良应用和为我国建设所作出的贡献。

本书的出版，得益于国家重点研发计划"林业种质资源培育与质量提升"重点专项"南方储备林高效培育与绿色先进制造集成示范"项目（2024YFD2201203）和中央公益性科研院所基金平台项目"木质材料功能化处理与评价"（CAFYBB2023PA004）、江苏零界科技集团有限公司、国林怡景（靖江）木业科技有限公司的支持。其中，应用案例篇中的"美国现代防腐木应用"中的图片和部分文字资料为中国林业科学研究院木材工业研究所木材保护室退休职工张厚培先生（现旅居美国）提供。另外，非常感谢中国林业科学研究院木材工业研究所木材保护团队硕士研究生方旋和姜珲参与本书的资料收集、外文翻译等工作，潘泽宇参与本书的图片编辑和制作工作。

成书时参考了大量的文献资料，笔者查到准确出处的文献已悉数列于书后，然而由于当今网络交流的发达和转发的便利，笔者有些引用也许没有找到或者没有找对最初文献来源，如有发现请联系修改。虽然编委会尽力收集和整理工程案例，编写工作也尽了努力，但不当之处仍在所难免，恳请读者和专家们批评指正！

特别鸣谢中国工程院院士、中南林业科技大学党委书记吴义强为本书作序！

《中国防腐木消费指南》编委会

2025 年 6 月

目录

生产加工篇

使用维护篇

处置与规范篇

应用案例篇

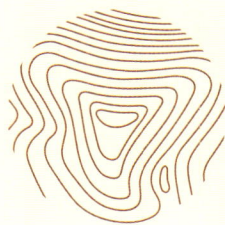
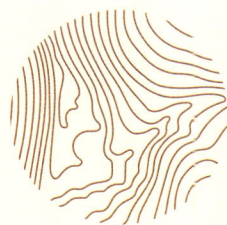

基础知识篇

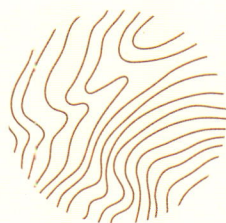
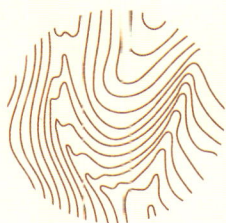

1 为什么要用木材？

木材是当今世界四大建筑材料（钢材、水泥、木材和塑料）之一，是人类最早使用的天然材料，是健康、环保、低碳的生物资源，具有其他三种材料无可比拟的优势，具体如下：

可再生　木材是四大建筑材料中唯一可再生的资源，对木材的合理利用符合森林的可持续性发展规划。

自然环保　木材具有自然属性，是天然环保的生物资源。

储碳固碳　木材和木制品是高效廉价的碳封存体。木材属于天然的储碳材料，其主要制品只要处于使用状态就一直会作为碳储存库而存在。依据碳储量计量方法测算得知，我国每立方米原木和锯材的平均固碳量约889.328kg CO_2e，我国每立方米人造板的平均固碳量约1145.79kg CO_2e。各类木制品主要以木材和人造板为原料加工而成，因此也储存了大量二氧化碳。由此可知，生产和使用木材及其制品可以固定大气中的二氧化碳，抵消部分温室气体排放，也是应对气候变化的有效方法之一（图1-1）。

减碳节能　木材和木制品生产过程能源消耗量小，碳排放水平低，与其他传统建材相比，节能降碳优势明显。研究显示，生产1t水泥约排放1220kg CO_2e，生产1t钢材约排放6470kg CO_2e，生产1t玻璃约排放1870kg CO_2e，而加工1m^3木材（规格材）仅排放30.3kg CO_2e。因此，木材和木制品的大量使用可减少我国工业及能源部门的碳排放。

碳吸收 CO_2　O_2 释放

碳储存在古老森林中，随着树木腐烂或燃烧而缓慢释放出来

循环从树木的自然再生和种植开始

CO_2 逐渐释放

木结构建筑

木质建筑可以储存碳，并且在整个生命周期内都能储存碳

合理砍伐树木并制作木制品，确保了碳的持续储存

木结构建筑

图1-1　木制品储碳固碳
（资料来源：www.naturallywood.com）

可回收 由于木材的自然属性和易加工特性，可以对已经行使一定功能的废弃木材进行回收加工和再利用，达到小材大用、废材再用、劣材优用，物尽其用，最大化提升木材的综合利用率，实现碳循环生物经济。

可降解 木材是可自然降解的生物资源，可实现从生到死自然降解的生命闭环，其本质的碳、氢、氧来自自然界，最后可全部回归自然界，对维护全球的自然生态平衡有重要的作用。

性能优良 木材材色和纹理美丽；健康环保、易加工；质轻、强度高、防震、抗震、声热传导性低、电绝缘性好、耐冲击、具弹性和韧性，这些特性使之成为最理想的室内外建筑材料和装饰材料。

2 木材为什么容易腐朽？

木材是由纤维素、半纤维素、木质素为主要组成物质的多孔胶联体，是生物质材料，木材在生长和使用过程中，均易受到所在环境中各种生物的寄生侵蚀，或降解木质素、纤维素为低分子糖类作为食物，或钻蛀筑巢繁衍后代，加上其他紫外线、化学降解等有害因素的共同危害，极易发生腐朽。广义的木材腐朽不仅涵盖微生物对木材的降解和败坏，还包括昆虫和海生钻孔动物对木材的败坏和消解（图1-2、图1-3）。绝大多数的木材如不经过防腐处理就在室外使用，一般2~3年就会腐朽败坏。即便在室内环境，在不通风或潮湿等条件下，在使用一段时间后也容易发生腐朽。

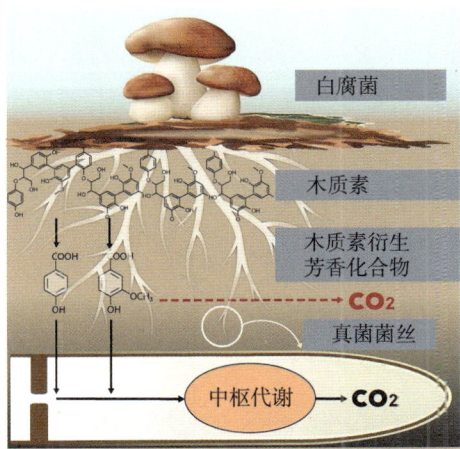

图1-2 白腐菌对木质素的降解和利用
（资料来源：Del Cerro C 等 2021年的研究）

图1-3 腐朽与虫蛀木构件

3 中国陆地室外木材腐朽是如何分区的？

气温和降水量是木材及木结构建筑发生腐朽的速度和严重度的重要影响因子。中国陆地幅员辽阔，南北各地气温和降水量差异极大，因此木材腐朽的程度也会有显著差别。对腐朽发生进行危害等级区域划分不仅是判断室外地上用木材是否需要保护以及确定保护程度的重要依据，也能为室内结构材依环境危害程度设计保护措施和施用防腐手段提供参考。

木材腐朽危害区域划分依据是美国木材保护专家Scheffer在1971年提出的Scheffer气象指数。该指数以月平均气温、降水量为0.1mm（我国无0.1mm的数据，采用0.25mm）以上月平均降水天数为基础的计算值与木材腐朽发生速度呈正相关。据此，根据Scheffer气象指数公式计算出来的值进行木材腐朽危害等级区域划分，指数值低于35的地区是低危害区域，指数为35～70的区域属于中危害区域，指数高于70的地区是高危害区域。

$$\text{Scheffer气象指数} = \frac{\sum_{1月}^{12月}[(t-2)(d-3)]}{16.7} \tag{1-1}$$

式中　　t——月平均气温（℃）；

　　　　d——每月日降水量 ≥ 0.1mm（我国指0.25mm）的天数（d）。

我国的室外地上木材腐朽危害等级区域：根据2004—2013年各地气象观测站的气象资料，我国木材保护专家计算了全国各地的Scheffer气象指数，将我国室外地上木材腐朽危害风险分成D1、D2和D3三个等级。D1为低危害风险区域，D2为中危害风险区域，D3为高危害风险区域。

木材腐朽低危害风险区　包括新疆、西藏和青海西北部、甘肃北部、内蒙古西北部、宁夏北部、黑龙江北部。

木材腐朽中危害风险区　包括西藏和青海东南部、云南北部小部分地区、四川西北部、甘肃和宁夏南部、内蒙古东南部、黑龙江南部、陕西大部分地区、河北、北京、天津、河南大部分地区、山西、山东、吉林、辽宁、安徽北部、江苏北部。

木材腐朽高危害风险区　包括云南大部、四川东南部大部分地区、甘肃最南端少部分地区、陕西南部小部分地区、河南南部小部分地区、安徽南部、江苏南部、上海、贵州、重庆、广西、湖北、湖南、江西、浙江、福建、广东、海南、香港、澳门、台湾。

④ 中国陆地的白蚁有哪些种类，分布范围及危害表现？

白蚁的种类及分布　白蚁是能够高效降解木质纤维素的昆虫之一，隶属于节肢动物门昆虫纲蜚蠊目。截至2019年12月31日，《世界白蚁中文名录》中统计现生白蚁9科301属2968种，分别为澳白蚁科（Mastotermitidae）、古白蚁科（Archotermopsidae）、草白蚁科（Hodotermitidae）、胄白蚁科（Stolotermitidae）、木白蚁科（Kalotermitidae）、杆白蚁科（Stylotermitidae）、鼻白蚁科（Rhinotermitidae）、齿白蚁科（Serritermitidae）和白蚁科（Termitidae）。目前，白蚁几乎占领了地球上热带、亚热带的各个角落，分布面积约占全球陆地总面积的50%。绝大多数白蚁分布在赤道两侧，东洋区种类最多，有1000种左右，是白蚁的分布中心。我国已知白蚁4科41属473种，主要分布于长江以南的热带和亚热带地区，占陆地面积的40%。

白蚁是营巢穴生活的昆虫，按巢穴的地点，一般将白蚁分为土栖、木栖和土木两栖三类。土栖型白蚁主要生活在土壤中，筑巢于地下，以土壤中的腐殖质、植物根茎、朽木为食，要求食物的水分较大，在林区常危害活树木。木栖型白蚁主要危害干燥木材，筑巢于木材中，对建筑材料和家具等危害严重。土木两栖型白蚁可筑巢于地下或木材中，能侵入建筑物危害木结构等。

白蚁的危害　白蚁的危害对象十分广泛，包括房屋建筑、水利工程、铁路交通、农林作物及园林绿化等。据统计，我国白蚁危害房屋建筑造成的直接经济损失每年20亿~30亿元，白蚁危害给美国造成的经济损失高达50亿美元。白蚁肠道内存在丰富的木质纤维素降解微生物类群，因此白蚁是少数能够以木质纤维素为食的昆虫。乳白蚁和散白蚁是对我国房屋建筑造成危害的重要白蚁类型，它们能够侵蚀建筑中的木质结构，破坏木质结构的承载能力。同时，在取食过程中分泌强腐蚀性的蚁酸，腐蚀包括钢筋混凝土在内的多种材料（图1-4）。不同树种的木材，对白蚁的抗性也不一样。一些木材细胞中的内含物也能对白蚁有驱避、毒性或拒食等作用。

图1-4　白蚁危害

白蚁活动与气候条件相关，因而我国白蚁的分布和种类从北到南有所不同。依据有无白蚁分布、白蚁分布种类将我国木材白蚁危害风险划分为T1、T2和T3三个等级区域。T1为低危害风险区域，T2为中危害风险区域，T3为高危害风险区域。

白蚁低危害风险区域　包括新疆、内蒙古、黑龙江、青海、甘肃、宁夏、西藏大部分地区、四川北部、陕西西北部、山西西北部、河北北部、吉林和辽宁西北部。

白蚁中危害风险区域　包括四川东部小部分地区、陕西东南部、湖北西北部、山西东南部、河北南部、北京、天津、河南、山东、安徽北部、江苏北部、吉林和辽宁东南部。

白蚁高危害风险区域　包括西藏南部小部分地区、四川南部、重庆、湖北大部、安徽南部、江苏东南部、云南、贵州、广西、湖南、广州、江西、浙江、上海、福建、海南、香港、澳门、台湾。

5 为什么要用防腐木?

木材防腐是木材保护的重要手段,使用防腐剂处理是延长木材使用寿命、节约木材资源的重要途径。使用防腐木有以下几个重要的原因:

使用寿命延长 木材作为建筑材料具有很多优点,如易加工、质轻而强度高等,且由于其天然纹理和温暖质感而受到人们的喜爱和欢迎,但作为有机生物高分子材料,具有生物降解特性,尽管可降解在材料的整个生命周期是优点,但在材料的实际使用中是需要克服的缺陷。防腐木经过防腐处理,可以有效抵御腐朽菌和虫蚁的侵害,从而延长木材的使用寿命,这对于户外环境中的建筑和园艺项目特别重要,如露台、花园、围栏、桥梁和码头等,能够发挥更大的生命价值,使建筑更稳定和长久。

经济效益高 对于用户而言,防腐木相对于普通木材具有更长的使用寿命,降低了更换成本,具有较高经济效益。

生态效益明显 防腐木延长了碳储存时间,并因为增加了木材使用寿命而为树木在森林中的生长和采伐延缓了时间,每年可以节省数亿株树木,减少了对人工林的砍伐和天然森林的依赖,对森林资源是一种节约和保护,对于整个社会而言,生态效益明显。

环境友好 防腐木材通常使用低毒、无害的防腐剂进行木材处理而克服木材作为建筑材料易腐朽的缺点,相对其他建材替代品如水泥、钢材而言更环保,生产过程更低碳。

应用场景广 防腐木克服了木材易腐朽和虫蛀的天然缺陷,可扩展用于户外环境、接触地面环境、与淡水或海水接触等容易导致木材腐朽和虫蛀的环境(图1-5~图1-8)。

图1-5 景区防腐木观景台

图1-6 庭院防腐木结构

图 1-7　海洋环境使用的防腐木围栏

图 1-8　海边泊船用防腐木档

6 ▶ 防腐木在践行国家"双碳"目标中体现在哪些方面?

大量使用防腐木非常契合国家"碳达峰""碳中和"的"双碳"目标:

防腐木是一种低碳材料　防腐木使用天然木材作为原料进行加工制得,相比于其他材料,如钢铁和混凝土,它在生产过程中会产生较少的碳排放(加工 1m³ 木材或规格材仅排放 30.3kg CO_2e)。使用防腐木可以减少对非可再生资源的依赖,并减少对环境的负面影响。

防腐木具有碳汇效应　使用防腐木可以将二氧化碳长期固定在木材中,是延长木材储碳周期的重要途径,此举可形成碳汇效应。依据碳储量计量方法测算,我国每立方米原木和锯材的平均固碳量约 889.328kg CO_2e。大量使用防腐木可以帮助减少大气中的二氧化碳含量,对缓解气候变化具有积极作用。

7 ▶ 我国古建筑木材和木结构未使用现代木材防腐技术,为什么大多至今保存完好?

我国现存有建造已千年的古建筑(图 1-9、图 1-10),其中大量使用木材且没有使用现代木材防腐技术的情况,但至今仍然保存完好的原因是多方面的,可以归结为以下几个因素:

树种　古代木材资源相对丰富,都是天然林木材,古建筑匠人在选择木材时通常选用优质、名贵的天然木材,如楠木、柏木等;据目前树种鉴定研究报道:古代建筑用木材树种主要有松(*Pinus* spp.)、柏(*Cupressus funebris*)、樟(*Cinnamomum camphora*)、杉(*Cunninghamia lanceolata*)、榆(*Ulmus pumila*)、锥木(*Castanopsis* spp.)、栎(*Quercus* spp.)等,这些木材本身具有较高的抗腐朽和耐虫性能,能够在适当的条件下长

图1-9　古建筑瑰宝：山西南禅寺

图1-10　古建筑瑰宝：山西悬空寺

时间保持完好。古代工匠在实践中认识到杉木在空气中难腐，柳木、柏木、红松埋于土中难腐，故南方民间有"水浸千年松，搁起百年杉"的俗语。故宫的椽檩和望板多用杉木，脊椿用柏木，角梁和门窗用樟木，都是从防腐、防虫的需求出发的因材致用。

选材与备材　古代遵循"伐木有时"，除了考虑木材自身的坚韧以外，实际主要考虑的是虫蛀规律以避开虫蛀发生时期；而且在使用前经过了长期（一年甚至几年）的自然干燥储备，既平衡木材含水率，又筛选掉因在活立木时感染虫卵而在储备期间羽化而出的材料，能够在建造后使用较长时间。

设计工艺　古建筑采用了许多传统的木结构工艺和方法，这些结构可以减少木材的直接接触地面或湿润环境，降低了木材腐朽的风险。而且采用石凳支垫木柱防止受潮，厚刮保护腻子封闭木材，避免在雨淋部位使用木材等木材保护设计。虽然与石凳支垫接触的木柱基部及雨淋部位的木材容易腐朽，但经过合理维护，仍然可保证构件安全和结构完整。

建造位置　古建筑通常位于干燥、通风良好的地方，这些环境条件有助于木材的保护和保存，目前保存最古老的木结构建筑大都位于山西，其中一个原因也是因为山西相对干燥的气候条件，是木材腐朽发生的低风险区域。

维护与保养　古建筑通常进行定期的维护和保养，包括修补、涂漆、替换损坏的木材等。

⑧　国内外防腐木的发展历史是怎样的?

国外防腐木发展历史　木材保护的历史可以追溯到大约4000年前的东地中海地区的保护陆地结构行为。随着船只的使用越来越重要，保护船只木材免受海洋环境破坏的愿望也越来越强烈。这种对海洋保护的关注持续了数千年，直到19世纪钢壳船的出现。

工业革命带来了铁路运输，随后发现为铁路枕木提供天然耐久木材资源有限，替代的材料会迅速发生生物降解。在同一时期，全球航运的增加和海上码头木结构的发展使人们意识到，码头木结构等海上桩木也受到了快速的生物败化，需要保护性处理木材才能继续生存。之前开发的刷涂或浸泡工艺的处理方法和工艺也被发现不足以支撑产业发展需要，19世纪30年代，现代加压处理工艺被开发并获得了专利。这种方法至今仍是现代木材保护的核心。

几个世纪以来，各种各样的材料和化学品被用于木材保护，这些材料和化学品长期以来被分为油载性或水载型保护剂。18世纪，人们就开始将氯化银和硫酸铜用作木材防腐剂。19世纪30年代，Moll发明了将煤杂酚油用作木材防腐剂的专利，贝塞尔（Bethell）发明了用满细胞法对木材进行防腐处理，这2项专利的应用极大地促进了木材防腐的工业化发展。在至今为止的近200年的时间里，木材防腐剂的种类逐渐增多，相应的木材防腐处理工艺也在不断发展，而水载型处理方法在人类接触较多的应用中慢慢受到青睐。在过去的一个世纪里，木材保护化学品对人类毒性和环境影响逐渐降低。在防腐处理木材的用途方面，从最初单一用途逐渐向多用途方向发展。最初防腐处理的应用只局限于船只用木材，19世纪70年代起开始用于处理铁路枕木和电线杆，20世纪70年代开始扩展到露台、花园等，甚至整个木建筑结构（图1-11、图1-12）。

在防腐剂研究方面，早期所用防腐剂为杂酚油和其他油载性防腐剂，目前，在一些特定的用途方面，还没有别的防腐剂可以代替煤杂酚油，因此这种防腐剂还将继续使用。需要解决的问题是渗出现象，得到一个干净的处理材表面。煤杂酚油需要进行压力处理，

图1-11　防腐木铁路枕木

图1-12　防腐木结构凉亭

使防腐剂能很好地渗入木材中，提高处理质量。由于能源危机、表面特性以及性能优越的水载防腐剂的出现，在许多应用场合油载型防腐剂逐渐被水载型防腐剂所取代。水载型的铜铬砷（CCA）、铜铬硼（CCB）、氨溶砷酸铜（ACA）、酸性铬酸铜（ACC）等，后期开发使用安全型水载型防腐剂包括季铵铜防腐剂（ACQ）、铜唑防腐剂（CA）、唑醇啉（PTI）及硼化物等，目前使用以CA及微化铜唑（MCA）为主。也有应用轻型有机溶剂型防腐剂处理（light organic solvent preservative，LOSP)，这种主要是防腐剂采用低沸点、易挥发的有机烃混合物作为溶剂处理木材，最先在英国使用，而后在澳大利亚、美国和新西兰普遍使用。上述处理的木材具有尺寸稳定、无须二次干燥、保持木材本色和表面干净等优点。

在防腐处理方法方面，早期的木材防腐处理技术主要采用煮木法，通过将木材浸泡在防腐剂中加热煮沸，提高木材的防腐性能；到20世纪初，相继引入压力处理技术和真空处理技术，即通过将防腐剂压入木材细胞结构中，使其深入渗透，提高木材的防腐效果，也是目前防腐处理的主流方法。由于常压处理法的处理时间长、生产率低，在工业上大部分的木材防腐处理都采用压力处理法。压力处理的基本方法为满细胞法（贝塞尔法）、空细胞法（吕宾法）和半空细胞法（劳来法）等，防腐处理技术的改进大都基于基本的压力处理方法而进行。

在标准制定方面，国际上主要使用的为美国的AWPA（American Wood Protection Association）标准，欧洲的EU标准以及日本的工业标准（JIS）和农业标准（JAS），其中AWPA标准是最为全面且更新速度最快的。该标准包括木材防腐剂配方、处理工艺、防腐木材性能测定等方面，每年更新一次。

国内防腐木发展历史　国内从事木材防腐可追溯至20世纪50年代，主要是林业系统研究单位、铁道研究院和部分企业，早期主要应用在铁路枕木和电线杆，特别是枕木防腐，为我国铁路事业及木材防腐工业发展作出了重大贡献，也为后来的木材防腐研究和产业发展奠定了基础。21世纪初，因种植的橡胶木更新迭代，用硼化物处理的橡胶木产量在南方增长很快；在农业用材、园林用材等户外用材和建筑用材上，防腐木得到了越来越普遍的应用，使用的防腐剂主要为CCA，少量ACQ，伴随着环保防腐剂的研发，铜唑（CA）的应用在不断扩大。

在标准制定方面，2005年以前我国尚没有系统的木材防腐方面的标准，伴随着防腐木材产业在国内发展，2005年颁布了林业行业标准《木材防腐剂》（LY/T 1635—2005）和《防腐木材的使用分类和要求》（LY/T 1636—2005），我国的防腐木材相关标准逐渐体系化和完善。本书第188问梳理了国内各个归口单位制定的基础性、规范和规程、指南、产品、分析、评价和试验标准共88项标准。

二

二　防腐木的产品品类

9　什么是防腐木，它与普通木材有何区别？

木材防腐处理是指以木材为处理对象，采用合适的处理方法，使木材防腐剂进入木材内部，并达到一定载药量和透入度，保护木材免受菌虫或海生钻孔动物的生物侵害，从而延长木材使用寿命的方法。防腐木即指经过木材防腐处理使木材具有一定的载药量和药剂透入度并能够持续保持防腐防虫功能、延长使用寿命的一类材料（图1-13～图1-15）。其保持了木材的天然属性，与普通木材相比有如下不同点：

图1-13　防腐木廊桥

图1-14　湖边防腐木步道

图1-15　森林防腐木廊亭

（1）防腐木具备防止腐朽菌降解、防止虫蚁或海生钻孔动物等蛀蚀的功能。

（2）防腐木使用场所可扩展至户外环境、接地环境或高湿度等容易腐朽虫蛀场所。

（3）防腐木更耐开裂和稳定，这是因为规范的防腐处理工艺需要进行初期干燥和二次干燥、控制含水率等系列操作，使其在使用时更稳定且耐开裂。

（4）比普通木材使用年限可延长4～10倍，相应的固碳能力延长，也意味着减少了3次以上的建造成本，更节约能源、更减碳。

10 ▸ 防腐木有毒吗？

脱离了成分和浓度谈毒性是不科学的。防腐木是经过化学防腐剂处理、增加了抵抗木材生物劣化侵害的一类木材。总的来说，对于引起木材降解的微生物和木材害虫来说防腐木是必须"有毒"才能发挥作用的；而对环境来说，是低毒的；对于哺乳动物和人类来说，正确使用是基本无毒的。

实际上，其对环境的影响也是相对的，如果与其他不含化学剂的建筑材料相比，给环境造成的影响和负担反而是最小的。采用生命周期评价技术（LCA生命循环分析技术）来考察某一种材料从原材料获取到废弃处理整个过程（cradle-to-grave）的环境特性，从而确定其对环境的影响大小。考察的环节主要包括获得原材料所需的能量以及产生的废弃物，材料制造过程所需的能量以及产生的废弃物，产品制造过程所需的能量以及产生的废弃物，产品使用或消费过程中所需的能量，产品废弃处理（如填埋、焚化、再循环或再使用）所需的能量及产生的废弃物等。通过对防腐处理木材和其他材料的LCA研究表明：对于电线杆和枕木来说，煤杂酚油或CCA处理木材比水泥或钢筋对环境的影响更小。水泥或钢铁等材料主要是向空气中释放有害物质，而防腐处理材的影响主要来自防腐成分向环境中的流失以及废弃材的处理问题。

依据澳大利亚木材保护协会网站文件显示：澳大利亚利用防腐木制作马厩、马场等情况比较多，也发生过马偶尔啃咬防腐木的情况，但未见由于大量吞食而导致马发生疾病或死亡的案例。虽然防腐剂的大多数有效成分人类直接食用和接触是"有毒"的，但合格的防腐木产品经过了药剂在木材的固化工艺过程，保证了防腐剂尽量低的流失和表面残存，人类少量接触是安全的，更不会吞食；之所以对含铬或砷的防腐剂限制使用，更多的是考虑到未来这类防腐木废弃物带来的对环境和人类的潜在风险问题，而并非认为CCA防腐木对人类有直接"毒性"。

目前，大多数防腐木使用的防腐剂已经经过严格的测试和监管，使用的是一些低毒或无毒防腐剂，以确保其安全性和环境友好性。如无机硼和水载型有机防腐剂处理的防腐木的环保性则很好，对哺乳动物低毒，环境影响小。只要正确使用和防护，不直接接触食物或手口等，在使用过程中不会存在安全隐患。8-羟基喹啉铜更是经美国食品与药品管理局批准可用于与食物直接接触的木材如包装箱、餐桌等的防腐处理的药剂，其对人畜毒性较低，大白鼠经口半致死量 LD_{50} 为4700mg/kg，对皮肤无刺激作用。

11 防腐木有哪些优缺点，与其他建筑材料相比有何优势？

防腐木具有许多优异特性：

耐久性能增强 经过防腐处理的木材具有更好的耐久性，可以抵抗真菌和其他微生物的侵蚀，减缓木材的腐朽过程，可以有效地防止木材被木蚁、白蚁、蛀虫等害虫侵害，延长木材使用寿命4～10倍，尤其运用于潮湿、多雨或容易受到虫蛀侵害的环境。

适用范围广 适合园林景观的需求，色泽感强，热导率低，脚感舒适度好。

这些特性使防腐木成为一种非常受欢迎的建筑和园林景观材料，与其他建筑材料相比，其又具有以下特性：

自然性 防腐木是由天然材料木材加工处理而成，具有天然木材的木纹和质感，可以提供自然、温暖的视觉效果，为景观设计、建筑装饰提供了较好的天然、安全、生物质备选材料。

美观性 防腐木易于涂饰及着色，根据设计要求，可达到美轮美奂的效果；防腐木能满足各种设计要求，易于制作各种园林景观精品。

高强重比 木材通过其有效的蜂窝状微观结构在低密度下实现高强度，防腐木保持木材高强重比特性，加工灵活，容易搬运和装配（图1-16）。

可持续性 防腐木克服了普通木材本身不耐腐朽和虫蛀缺陷，使用寿命更长，减少了对树木的砍伐，维持了森林持续量，减少对环境的影响。

储碳减碳 木材作为固碳材料，延长使用寿命的防腐木可进一步延长碳储存期，从而减少碳排放。再加上低碳建造，比其他建材更环保和顺应国家的"双碳"目标。

可循环 木材是可循环

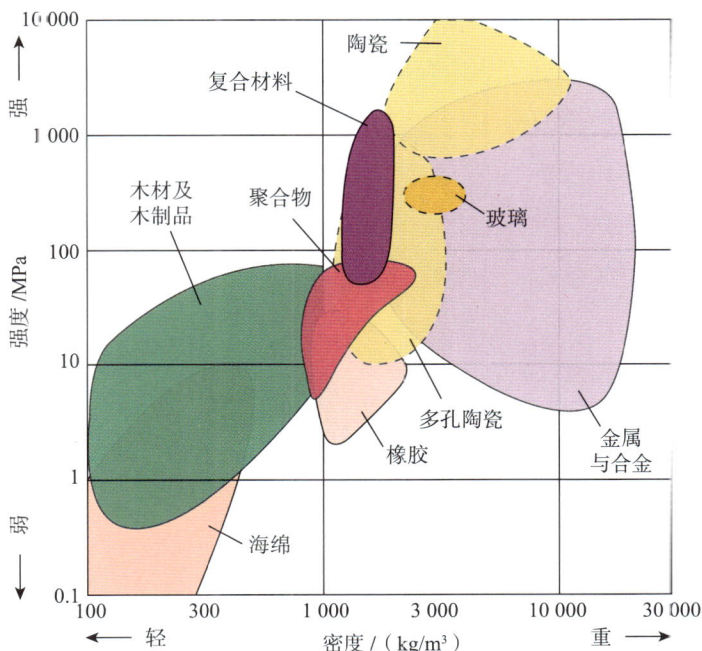

图1-16 建筑材料的强重比

利用的建筑材料，在其初次使用寿命到期时，防腐木可通过回收而再次进行低等级使用，或焚烧、丢弃而使各种元素回归土壤和碳循环中。

但是防腐木也有如下缺点：

成本相对较高　防腐木生产过程中使用了防腐剂，增加了干燥工艺、人工投入等因素，使得防腐木相对于未经处理的木材增加了成本。但和其他提高耐久性的方法相比，成本并不高，而且因防腐木可以延长使用寿命，从长期效应核算成本并不高。

含有化学物质　处理过程中使用了防腐剂，防腐木达到使用寿命后固体废弃物处置带来一些新的问题。目前越来越多采用环保防腐剂和环保处理方法，使这种影响降至最低。

外观可能受影响　含铜防腐剂处理材会改变木材的颜色和外观，使用较长时间后不维护保养，板面会逐步改变颜色。

有限的样式选择　在设计上木材的尺寸选择可能相对较少。

木材其他性能并未提高　防腐木提高了木材的防腐、防虫性能，并不能提高木材的其他天然劣化性能，如开裂、变形等尺寸稳定性。防腐木随气候变化也会出现部分开裂和变形现象，但规范安装会大大减少这种现象的发生。

12 ▶ 防腐木的主要应用场景有哪些？

防腐木主要可应用于如下场景（图1-17、图1-18）：

户外建筑　用于户外建筑结构，如甲板、步道、楼梯、栏杆、幼教户外设施、宠物屋等。

园林景观　用于园林景观设计，如花园家具、花箱、凉亭、电线杆、公共设施等。

室内构件　如地板龙骨、浴室内墙和地板、厨房地板、游泳池屋顶等室内关键构件或难以更换的构件。

桥梁廊桥　用于桥梁结构和廊桥建造中的木质构件。

海洋工程　用于海洋环境中经常受海水腐蚀环境的木构件。

特殊建造　长期处于高湿环境的冷却塔、集装箱底板、船用冷库等。

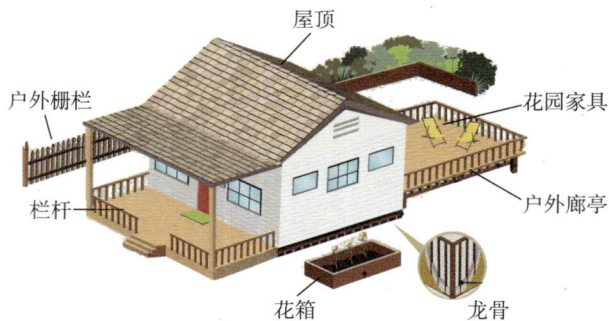

图1-17　防腐木应用

图1-18　防腐木户外儿童游乐设施

古建筑维修   木结构古建筑中常常因腐朽、虫蛀而频繁更换维修的木构件，如檐椽、柱脚、屋顶等。

13 ▶ 木结构房屋的所有构件都必须用防腐木吗?

并非所有木结构房屋构件都必须使用防腐木。是否使用防腐木取决于建筑环境、结构用途、设计年限和维护要求。

建筑环境   木结构房屋长期处于高温、高湿、多雨地区或暴露在自然元素（如雨水、阳光）中的环境，使用防腐木可提高建筑的耐久性，延长使用寿命。反之，在室内使用、环境干燥或者不接触水和土壤的情况下，也可以使用未经过防腐处理的木材。

结构用途   木结构房屋用于户外建筑或接触地面的结构，如露台、墙体、栏杆等，这些结构更容易受到真菌和白蚁的侵蚀，更常使用防腐木。反之，室内的木结构房屋构件，如楼梯、地板、内墙、室内装饰木材等则可使用普通木材，因为室内相对较干燥，暴露的程度较低，不容易受到生物侵害。

设计年限   对于不需要长期使用的临时木结构建筑，可以不用防腐木。

维护要求   对维护、更换、检查成本比较高，对结构安全比较关键的部件，或者希望减少维护工作，减少修复或更换木材频率的户外木结构房屋，全部使用防腐木材是个明智的选择。

14 ▶ 防腐木能够使用多长，能达到30～50年吗?

合格的防腐木是能够使用30～50年甚至更长的时间。

防腐木的使用年限取决于多个因素，包括木材种类、防腐处理方式、使用环境、维护保养等。目前，国内已有使用C3和C4等级防腐木20年以上还未出现腐朽的工程案例（见案例篇）。根据国内外大量试验材料的统计结果，防腐处理可以延长木材使用寿命4～10倍。例如，美国曾经对交通路旁的1亿根电线杆做统计，不防腐处理的只可使用5年，经过杂酚油加压浸渍处理的至少可使用30年以上；美国、新西兰等防腐木企业对自己提供的防腐剂产品质保承诺一般是50年（LOSP防腐产品是25年）。在澳大利亚有6000万～1.2亿根防腐葡萄架木桩，已经使用了20～40年。一般来说，经过标准处理和在使用过程中适当进行维护的防腐木是可以持续使用30～50年甚至更长时间的。

15 ▶ 什么是"芬兰木"? 炭化木是否属于防腐木，它能用于户外，能防腐防白蚁吗? 硼类防腐剂处理后的橡胶木是否属于防腐木?

防腐木消费市场上俗称的"芬兰木"实际是一种不规范的产品名称，曾泛指北欧赤松防腐木，目前国内从芬兰进口的未经防腐处理的板材也称"芬兰木"。消费者在选购时，仍需关注树种和木材等级、防腐药剂、防腐质量等。

炭化木不属于防腐木。目前市场上分为两种，一种是表面炭化木，也称炭烧木，是高温火焰烧烤使木材表面具有一层很薄的炭化层的木材，这种炭化木不能提高木材的防腐能力；一种是木材在低含氧量的惰性气体、水蒸气或油等介质中，经过160～250℃热处理后得到的热改性木材，具有尺寸稳定等优点，具有一定的防腐能力（但对白蚁无防治效果），常被视为一种物理改性木材，但并不属于传统的化学处理防腐木。截至2023年，美国AWPA标准也并未将热处理木材（炭化木）列入其中。

截至目前的试验结果表明，热处理木材没有表现出防白蚁性能。因而不能应用于具有白蚁危害风险的环境。热改性木材可以用于非白蚁危害风险地区的室外，在室外主要用于房屋外墙板、庭院家具、游乐场轻型木构件、露天地板或甲板、田园建筑小品等，但由于力学性能降低，在重型木结构中建议进行胶合后使用。

橡胶木经硼类防腐剂规范处理后达到相关质量标准的可以算防腐木。

我国橡胶木防腐处理一直都是采用的硼类防腐剂，主要是硼酸和硼砂。经过硼类防腐剂处理后，其防虫和防腐性能得到增强，可以在室内环境中使用。

橡胶树（*Hevea brasiliensis*）为大戟科（Euphorbiaceae）胶树属植物，原产巴西，现广泛栽种于亚洲热带地区。我国台湾、云南、福建、广东、广西、海南均有栽培，其中以海南和云南种植较多。橡胶树通常在割胶20～30年后不再具有产胶价值，需及时采伐并加以利用。由于橡胶树的特殊性，橡胶木含有较高的碳水化合物，采伐后的橡胶木很容易受到菌虫侵害而变色、发霉和虫蛀。海南和云南每年约有30万 m^3 的橡胶木需要进行防霉、防变色、防腐、防虫处理。

16 有没有天然防腐木，它和加压浸渍防腐木的区别是什么？波罗格是不是天然防腐木，它能保持多长时间不腐朽？

在学术研究上没有"天然防腐木"这一概念，在使用和消费领域俗称的"天然防腐木"的是一类具有天然强耐久性的木材，未经过任何人工处理，木材自身即可实现一定的耐腐防蛀效果。

木材的天然耐久性指木材在使用时本身所具有的抗生物危害的能力。木材的天然耐久性包括天然耐腐性、天然耐蛀（白蚁）性及天然抵抗海生钻孔动物的侵蚀性能等，与木材树种、密度、侵填体、内含物等相关。自然界中只有极少量的木材因含有特殊的化学物质（侵填体）存在，具有较好的防腐性能，可达到强耐腐或耐腐等级，如针叶材的柏木、落叶松、欧洲红豆杉、花旗松和阔叶材的波罗格、非洲紫檀、槐树、枣木、柚木等（表1-1、表1-2）。有的树种同时具备强抗蚁蛀性，如针叶材的柏木、柳杉、福建柏、侧柏和阔叶材的铁刀木、赤桉、蚬木、母生、海南紫荆木、望天树、刺槐、柚木、槐树、枣木。在国外树种中，天然强耐腐树种一般不具备强抗蚁蛀性，仅部分阔叶材达耐蚁蛀等级，如良木芸香、曼森梧桐、狄式黄胆木、绿心樟、大美木豆和非洲紫檀等。

表1-1　国内天然强耐腐性木材树种

类别	中文名	学名	同时具强抗蚁蛀性
针叶材	柏木	*Cryptomeria fortunei*	是
	柳杉	*Cupressus funebris*	是
	福建柏	*Folkien hodginsii*	是
	银杏	*Ginkgo biloba*	否
	落叶松	*Larix gmelinii*	否
	黄花落叶松	*Larix olgensis*	否
	红杉	*Larix potaninii*	否
	广东松	*Pinus kwangtungensis*	否
	侧柏	*Platycladus orientalis*	是
	圆柏	*Sabina chinensis*	否
	红豆杉	*Taxus chinensis*	否
	榧树	*Torreya grandis*	否
阔叶材	细子龙	*Amesiodendron chinense*	否
	铁刀木	*Senna siamea*	是
	高山栲（高山锥）	*Castanopsis delavayi*	否
	红锥	*Castanopsis hystrix*	否
	苦槠	*Castnopsis sclerophylla*	否
	滇楸	*Catalpa fargesii*	否
	香樟	*Cinnamomum camphora*	否
	福建青冈	*Cyclobalanopsis chungii*	否
	大叶青冈	*Cyclobalanopsis jenseniana*	否
	厚缘青冈	*Cyclobalanopsis thorelii*	否

（续）

类别	中文名	学名	同时具强抗蚁蛀性
阔叶材	火绳树	*Eriolaena spectabilis*	否
	赤桉	*Eucalyptus camaldulensis*	是
	蚬木	*Excetrodendron tonkinense*	是
	石梓	*Gmelina arborea*	否
	母生	*Homalium hainanensis*	是
	坡垒	*Hopea hainanensis*	否
	荔枝	*Litchi chinensis*	否
	滇西椆	*Lithocarpus bacjanguanus*	否
	脚板椆	*Lithocarpus handelianus*	否
	海南紫荆木（海南子京）	*Madhuca hainanensis*	是
	绿兰	*Manglietia hainanensis*	否
	毛桃木莲	*Manglietia moto*	否
	毛苦梓	*Michilia balansae*	否
	桑木	*Morus alba*	否
	缘毛红豆	*Ormosia howii*	否
	望天树	*Parashorea chinensis*	是
	紫油木	*Pistacia weinmannifolia*	否
	小叶栎	*Quercus chenii*	否
	白栎	*Querus fabri*	否
	刺槐	*Robinia pseudoacacia*	是
	槐	*Styphnolobium japonicum*	是
	柚木	*Tectona grandis*	是
	青皮	*Vatica mangachapoi*	否
	枣木	*Zizyphus jujuba*	是

表1-2　国外天然强耐腐性木材树种

类别	中文名	学名	同时具耐蚁蛀性
针叶材	阿拉斯加扁柏	*Chamaecyparis nootkatensis*	否
	欧洲红豆杉	*Taxus baccata*	否
	红侧柏（红崖柏、红雪松）	*Thuja plicata*	否
阔叶材	红桉（边缘桉）	*Eucalyptus marginata*	否
	良木芸香	*Euxy lophora paraensis*	是
	波罗格（印茄木）	*Intsia bijuga*	否
	曼森梧桐	*Mansonia altissima*	是
	狄氏黄胆木	*Nauclea diderrchii*	是
	绿心樟	*Ocotea* spp.	是
	大美木豆	*Pericopsis elata*	是
	非洲紫檀	*Pterocarpus soyauxii*	是
	柚木	*Tectona grandis*	否

　　需要说明的是，木材的耐久性是对心材而言，一般边材均不耐腐。具有天然强耐腐性木材如果边材比例较小，去皮处理后基本就是心材，可以用在要求耐腐等级不高的使用环境中，若是有白蚁风险的还需要同时关注其耐蚁蛀等级。如果心材比例不高，大部分是边材，使用时仍需按照环境风险等级进行必要的防腐处理。

　　天然防腐木与加压浸渍防腐木的主要区别在于：

　　防腐机理不同　天然防腐木是通过木材本身的次生代谢内含物具有的天然抗腐性来保护木材，如树脂、芳香油、生物碱、脂肪酸和色素等；而加压浸渍防腐木是通过将木材放入特殊的压力容器中，以加压浸渍的方式将防腐剂注入木材内部，从而增强木材的防腐性能。

　　防腐效果不同　天然防腐木的防腐效果相对较低，对一些腐朽和昆虫侵害的抵抗能力有限，不建议用于户外环境和高生物危害风险环境；而加压浸渍防腐木通过注入防腐剂而提供更持续的保护，可以应用在高生物危害风险区域。

　　波罗格（*Intsia bijuga*），又称印茄木，是一种高大的乔木，分布于东南亚及太平洋群岛。我国从印度尼西亚、马来西亚锯材进口量很大，巴布亚新几内亚原木进口量较大。波罗格微具光泽、纹理交错、结构粗、质硬、强度高、干缩甚小，是一种常用优质木材，但其并不是防腐木，只是心材具备天然强耐腐特性。

东南亚、巴布亚新几内亚等地进口的波罗格，因其特殊构造和化学抽提物使其心材天然强耐腐，能够有效抵抗真菌侵害，可用于腐朽风险等级一般的地区，在户外一般环境可使用9年以上。其适用于室内装修、重型结构、地板、枕木、桥梁、码头、雕刻、装饰盒等。但由于其耐白蚁蛀蚀能力一般，仅中等耐蚁蛀，所以在白蚁危害高风险地区使用仍需额外进行防虫处理。

17 ▶ 表面涂刷油漆或桐油等的户外木制品，能保证长期使用和防腐吗？

在户外使用的非防腐木制品表面涂刷油漆或桐油，其实也是简单的物理封闭防腐方法，通过油漆或桐油隔绝木材内部与外界的物质交换，在一定程度上提供木制品的防水、防紫外光照和防止菌虫入侵效果，延长木材使用期限，但它们并不能完全阻止木材受到腐朽菌和虫蚁侵害，未经防腐处理，长期使用其防腐性能无法得到保证。而且油漆和桐油随着时间的推移，一般会老化龟裂而产生裂隙，逐渐磨损和脱落，进一步暴露木材本身，从而失去封闭防腐的作用，使木材容易受到雨水、腐朽菌、虫蚁等自然因素的侵染而导致木材发生腐朽、变形和表面破损等问题。

18 ▶ 防腐层积材的优缺点有哪些？

防腐层积材是一种由经过防腐处理的木材单板通过层积胶黏剂黏合而成的具有层状结构和一定规格、形状的结构材料。

防腐层积材优点　单板经过专门的防腐处理，防腐层积材能够抵抗腐朽菌和虫蚁，能在潮湿的环境中长期使用，如户外的花园、露台等场所；通过这种加工方式，可以控制防腐层积材的强度，减小材料的各向异性，使其具有较高的强度和稳定性，且不易变形、开裂或扭曲，能够在使用中保持稳定性。

防腐层积材缺点　由于制造工艺的限制，防腐层积材的尺寸通常有一定限制，无法制造较大尺寸的板材。

19 ▶ 户外使用时，防腐胶合柱和防腐实木柱哪个更好？

防腐胶合柱　是由规格小的实木锯材防腐处理后用胶黏合而成，它具有较好的防腐性能，由于使用胶黏合多片木板，胶合面积增大，提高了抗变形和稳定性，减少了开裂的可能性，适合在一般户外环境下使用。对胶合质量要求较高。

防腐实木柱　防腐实木柱是采用经过防腐处理的实木制作而成，它保留了实木的天然美观和质感，同时具备良好的防腐性能，能够在户外环境中长期使用。防腐实木柱适用于更严酷的户外环境，如接触土壤的地域、气候多变的地区等。但大尺寸的木材干燥质量要求较高、心材药剂不容易渗透、容易开裂和变形。

户外使用的防腐胶合柱和防腐实木柱各有优势，选择取决于具体的需求和环境条件。但是，无论选择哪种材料，都需要确保合格标准的防腐处理和正确安装，以确保木柱的耐久性和稳定性。

20 防腐木防虫防白蚁吗？

防腐木通常具有防虫防蚁功能。防腐木是经过防腐剂处理使细胞固着一定浓度药剂的木材。根据有关标准规定，C1～C5等级应用环境的主要生物败坏因子均包括白蚁和蛀虫，其吸收固着的防腐剂一般应含有对白蚁和蛀虫有防治功能的成分，如CCA、ACQ和CA等含金属的防腐剂，其中的铜具有防虫蚁功能；有机防腐剂中均添加吡虫啉或菊酯类杀虫剂，具有防虫蚁功能。因而大多数防腐剂对白蚁、木蠹虫等害虫具有明显抑制作用，这些防腐剂能够渗透进木材的纤维结构，可以阻止虫蚁的侵入和繁殖，也可以阻止白蚁的侵入和取食，使木材具有防白蚁功能，所以一般情况下使用的防腐木无须专门做防虫处理。

需要注意的是，一些白蚁种类在长期暴露下可能会对某些类型的防腐剂慢慢产生耐药性，因此，即使使用了防腐木，仍然需要定期检查和维护，以便及早发现并处理白蚁侵害的迹象。

21 木材熏蒸等杀虫处理与木材防腐处理的区别是什么？

木材熏蒸一般用于海关检疫和木材储存过程中，将药剂以气体形式扩散到木材中，杀灭木材内部的昆虫，防止它们在木材中繁殖生长而造成木材危害的处理方法。木材熏蒸不具备长期防腐防虫功能。

木材防腐一般将药剂以液体形式，通过浸注或加压渗透处理，进入木材组织并持续保留在组织中，从而能够在以后的应用中持续防止腐朽和虫蛀的发生。在处理过程中能够杀灭木材中的原有昆虫，也具有长期防腐、防虫功能。对于已经达到使用年限的防腐木，为保证后续的防腐、防虫效果，木材熏蒸常作为一种补救措施而施行，如美国常用于木结构构件、电线杆防腐木的补救防腐处理。

需要注意的是，在进行熏蒸处理时，应遵循相关的安全操作规范，以确保处理剂的使用符合环保要求，同时保护人体和环境的健康和安全。

22 目前用于防腐木或其他材料内部腐朽补救的熏蒸剂有哪些？

用熏蒸剂定期对防腐木电线杆进行内部补救处理，使其耐久性能远远超出了原始防腐处理效果。对于那些有大量未经处理的心材、容易受到真菌腐朽影响的薄边材防腐木制品来说，更是需要定期补救处理。补救处理方法有几种可以选择：水溶性硼酸盐和熏蒸剂处理，熏蒸剂可形成在心材内部移动的气体从而杀灭腐朽菌。目前常用于控制内部腐朽的熏蒸剂有：

异硫氰酸甲酯（methyl isothiocyanate，MITC） 可在心材移动杀死细胞里的真菌。基于MITC的熏蒸剂已被证明可以有效消除心材内的真菌，处理足够时间，可以防止腐朽菌效果保持10年直至下一个检查和处理周期。

氯化苦（三氯硝基甲烷，chloropicrin） 是另一个已被证明很容易通过心材迁移并有效降低真菌活性的熏蒸剂。氯化苦作为液体加入处理孔中，其可迅速渗透到心材中。氯化苦被证明在心木中持续保留作用的时间比MITC长，分析原因可能是它能够与木质素单体形成共价键。氯化苦在花旗松心材中迁移很好，在接近地线处处理后经10年取样检测，在高出地线900mm的位置其载药量水平还保持远高于阈值。在处理后14年，在使用中的电线杆离地线高2.4m的高度处还发现了氯化苦，说明其有能力进入心材并与木材结合。但由于氯化苦的毒性和对化学品运输的限制，氯化苦少量释放对接触者、施药者带来严重不适，所以已经不再使用。美国以SmartFume为标签注册了一种含膜塑料管胶囊，释放进入木材。

23 为什么防腐木会长霉？防腐剂中含有防霉成分吗？

防腐木长霉是常见且正常的现象。在潮湿环境下的木材，其表面会着生一类真菌，这类真菌以淀粉、低聚糖等碳水化合物为营养，其菌丝、分生孢子团和分泌物在木材表面形成黑、灰、绿、紫和红等颜色变化，散发着霉味，即霉菌。

霉菌并非分类学上的名词，分属接合菌亚门、子囊菌亚门和半知菌亚门的某些种类，是一类非常难控制的低等真菌类型，其一般在木材表面生长，对营养要求不高，有水分则容易在木材上定殖和繁殖。在其他生物质材料如竹材、藤材、人造板等，甚至非生物质材料的表面，如金属、玻璃、陶瓷、油漆、石材、塑料等都会生长。

腐朽菌一般是能够降解木材成分的担子菌类真菌或者引起木材软腐的子囊菌类真菌。防腐木中的防腐剂能够有效地抑制腐朽菌的生长，有优异的防腐朽性能，但对霉菌抑制作用不显著，因此发现防腐木长霉是正常现象。防腐木暴露在高湿度的环境中，如常年湿润的地区或长时间处于潮湿的条件下，霉菌可能开始生长并导致木材表面出现霉斑；不充分的空气流通也会促进霉菌的生长，如密闭的空间霉菌就有更多的机会潜伏和生长。在户外景观中，CCA、ACQ和CA处理的木材均观察到过长霉现象，防腐处理后干燥不彻底的防腐木更容易长霉。

长霉会使木材表面颜色变化，美观性降低，但是不会影响木材强度和使用寿命。然而由于影响美观和客户体验效果，户外防腐木如用在易发霉的南方地区或者雨季处理的防腐木，建议用高效防霉剂做专门处理。

霉菌和腐朽菌虽然都是真菌，但是属于不同种类的真菌。防腐剂是专门针对腐朽菌和虫蚁开发的药剂，对腐朽菌防治效果突出，一般不含防霉成分。一些防腐剂中的成分在防霉性能方面有报道，如ACQ中的DDAC和CA中的三唑类等成分，对霉菌有一定的抑制作用，但是抑制作用有限，在户外景观中，ACQ和CA处理的木材均出现过长霉现象，因此户外防腐木如有防霉方面的要求，需要用高效防霉剂做专门处理。

24 ▶ 防腐木能否阻燃吗，如何做到阻燃？

没有做阻燃处理的防腐木，一般认为是不能阻燃的。防腐木的主要目的是预防木材腐朽，其阻燃性能不一定有改善。但是部分防腐剂处理后可能会提高防腐木的阻燃性能。一种是高浓度的无机硼类防腐剂处理可以赋予木材一定的阻燃性能。含有其他无机金属的防腐木，由于金属元素的引入，处理过的防腐木通常会在木材表面形成一层保护层，这层保护层可以提供一定的阻燃性能，但是阻燃效力非常有限；一种是有机防腐剂处理的防腐木，处理后的木材没有阻燃性能。

为了进一步提高防腐木阻燃性能，可以采取以下措施：

添加阻燃剂　可以在防腐木加压浸渍处理过程中添加阻燃剂，这些阻燃剂可以减缓木材的燃烧速度和燃烧强度。

涂刷阻燃涂料　可以在防腐木表面涂刷阻燃涂料或阻燃油漆，以增加木材的阻燃性能。

25 ▶ 木材防腐剂是什么，应具备什么特点？常用的木材防腐剂有哪些，其中安全合格型防腐剂有哪些？

木材防腐剂是专指能增强木材抵抗腐朽菌、虫害、海生钻孔动物侵蚀等生物败坏作用的化学药剂，是防腐木生产的核心。

木材属于天然有机材料，具有明显的生物特性和易被菌虫、海生钻孔动物等生物侵袭的弱点，所以木材应在使用前，根据不同的应用环境，选用合适的防腐剂，再进行恰当的处理，可以有效地延缓木材腐朽。木材防腐处理是延长木材使用寿命和高效利用人工林木材的重要措施，木材防腐剂研发是木材防腐工业的关键技术。木材防腐工业的发展，也在木材防腐剂的发展中得到充分体现。一些传统的木材防腐剂的性能得到不断提高。在一些防腐剂由于种种原因被禁止或限制使用而退出防腐剂市场之前，一大批新一代木材防腐剂已经在市场上出现。木材防腐剂应具备如下特点：

防治效力强 木材防腐剂对有害生物的防治效力应显著。

持久与稳定 木材防腐剂具有较为稳定的化学性质，它在注入木材后，不易挥发，不易流失，持久地保持应有的防效。

渗透力强 木材防腐剂须容易渗透入木材内部，并且有一定的透入度。

安全性高 木材防腐剂对危害木材的各种菌虫要有较高防效，但同时它应对人畜是低毒或无毒的，对环境不会造成污染或破坏。随着人们对环境与可持续发展的关心，高效环保的复配木材防腐剂受到应有的重视。

对金属腐蚀性低 防腐剂要对各种金属的腐蚀性小，偏于中性的比较理想。

对木材的危害与损害小 木材经防腐处理后，对木材的力学强度、良好的纹理和悦人的色泽以不影响其使用度为宜。

价格适宜 为了促进木材防腐工业的发展，木材防腐剂必须有充足的货源，而且原材料价格低，具有竞争力。

常用木材防腐剂按照组成可分为单一防腐剂（如丙环唑、戊唑醇等）和复合防腐剂（如ACQ、CA等）。由于单一防腐剂抗木材腐朽菌、虫的范围比较狭窄，如今一般将两种或几种防腐剂按一定比例混合，不但可以克服单一防腐剂使用时的不足之处，而且还会产生一些新的特性。如今，复合防腐剂已在世界各国得到了最广泛的应用，并取得了很好的效果。

按照防腐剂的形态，可分为固体防腐剂、液体防腐剂与气体防腐剂。

按照溶剂类型，可分为水载型防腐剂、有机溶剂型防腐剂和油类防腐剂。

本书按最常用的溶剂类型方法分类（图1-19）。

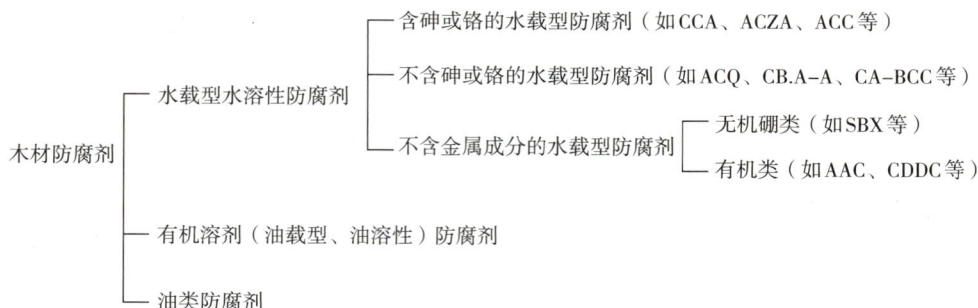

图1-19 防腐剂按照溶剂类型的分类

水载型（水溶性）防腐剂 指能溶于水，以水为溶剂的木材防腐剂。具有处理木材无刺激性、不增加可燃性和成本低的优点，是目前国内使用最多的防腐剂，但是吸水和干燥会对尺寸造成一定影响。主要种类包括铜铬砷（CCA）、铜铬硼（CCB）、氨溶砷酸铜（ACA）、双二甲基二硫代氨基甲酸铜（CDDC）、酸性铬酸铜（ACC）、氨（胺）溶性季铵铜（ACQ）、微化季铵铜（MCQ）、烷基铵化合物（AAC）、硼化合物、铜唑（CA）、微化铜唑（MCA）、双-(N-环己烷基二氮烯二氧)铜（CuHDO）、唑醇啉（PTI）和柠檬酸铜（CC）和非固着型的无机硼化物（SBX）等。

有机溶剂（油载型、油溶性）防腐剂 又称油载防腐剂，此类防腐剂是以有机溶剂作为溶剂，将有效成分溶解在溶剂中处理木材，主要包括戊唑醇、丙环唑、己唑醇、环唑醇、环烷酸铜（CuN）、8-羟基喹啉铜（Cu8）、异噻唑啉酮（DCOI）、3-碘-2-丙炔基-丁基氨基甲酸酯（IPBC）等防腐剂。此类防腐剂处理的木材不存在干缩湿胀造成的尺寸问题，但是由于大量使用有机溶剂，对环境容易造成污染。

油类防腐剂 此类防腐剂是以煤杂酚油（CR）为代表的防腐剂，是由煤炭馏分制成，能够提供强力的防腐保护，对危害木材的真菌和虫蚁具有很高的毒杀作用，而且不易流失，有时与煤焦油（CR-S）混用。然而，由于其处理木材后表面特别脏，气味大，防腐木溢油对环境存在潜在影响，因此其使用在一些地区受到限制，主要处理恶劣使用环境中的枕木等。

安全合格型防腐剂是为了减少对环境和人体健康的负面影响而开发的，包括使用不含铬、砷等重金属的水载型防腐剂，如微乳型有机防腐剂、CA、ACQ、MCA、无机硼类防腐剂、水载型有机防腐剂。这些防腐剂对人和环境的影响较小。以下是一些常见的安全合格型防腐剂：

硼酸盐防腐剂 硼酸盐可以有效抑制腐朽菌和虫蚁的生长，是一种安全的且对生物环境较友好的防腐剂。

CA及MCA防腐剂 它是一种基于铜（或微化铜）和三唑化合物的复合防腐剂，对人体和生态环境的影响非常小，同时具有较高的防腐的性能。

ACQ防腐剂 相对于传统的CCA药剂，ACQ药剂不含剧毒的砷成分，因此对环境和人体的影响较小。

水载型有机防腐剂 常用的是戊唑醇/丙环唑（PT）、己唑醇、8-羟基喹啉铜（copper oxine）、环烷酸铜（copper naphthenate, CuN）、3-碘-2-丙炔基-丁氨基甲酸酯（IPBC）、4,5-二氯-2-正辛基异噻唑啉-3-酮（DCOI）等。

唑醇PT 其有效成分是丙环唑、戊唑醇，其中可添加杀虫成分菊酯、吡虫啉等，在无白蚁风险区域，可不含菊酯、吡虫啉。

26 木材防腐剂不同于农作物杀菌杀虫剂的主要特点是什么？

木材防腐剂主要成分多从农作物用农药中引用和研发而来，与农作物杀菌杀虫剂、卫生杀菌杀虫剂等有相同之处，都具有杀菌防虫毒效；但木材防腐剂的保护对象是木材，木材的体积大，而且结构很致密，需要保护的时间长，使用的环境比较复杂和恶劣，所以它和其他用途的杀菌杀虫剂有不同之处。良好的木材防腐剂应该还具有以下特性：

安全性要求　木材防腐剂及经其处理的木材发生对人畜的中毒现象、对环境的污染以及发生火灾的可能性需最小。防腐剂安全性不仅和防腐剂本身有关，也和合理科学地使用有关。此外，防腐剂溶液也不应该对金属或塑料设备和容器产生腐蚀作用，因为腐蚀会引起泄漏，导致对环境的污染。处理后的防腐木材搬运、加工及其他处理也应该是安全的，燃烧时不应该散发出有害的气体，也不会增加火灾的危险。

持效性要求　木材防腐剂必须长效防止破坏木材生物对木材的侵害，其效果可以通过实验室、野外及使用过程中的试验测得。但是最有效的木材防腐剂必须深入且均匀地分布到木材中才能产生效果，所以防腐剂的透入性非常重要。防腐剂的透入性与防腐剂的类型及木材树种本身的渗透性有非常大的关系，必须严格控制处理溶液和处理材产品的质量。

可回收要求　完成了生命周期的废弃防腐木，在回收、能源转化和处置方面应有合理的处置方式而不产生固体垃圾，防腐剂可以循环利用。

27 不同防腐剂处理材的选用原则是什么？不同环境下如何选择适用的防腐剂？

防腐木工程应用中使用的防腐剂应符合现行国家标准GB/T 27654—2023《木材防腐剂》的有关规定。特定环境需要注意的选用原则：

含砷或含铬的防腐剂处理的木材　不应用于建筑内部及装饰、家具、地下室、卫生间和户外桌椅、儿童游乐设施等居住或与人直接接触的构件、饮用水源地及其周围、储存食品或生活用水的房屋及场所。

硼化合物处理木材　应避免与雨水和土壤接触，并应避免药剂流失。

铁道枕木　宜采用由木材防腐油和煤焦油混合均匀的混合油。需进行油漆涂刷时，不应采用油类防腐剂。

需保持木材原色的构件　应采用无色的木材防腐剂。

矿用木支护与矿用枕木、农用支撑木　宜选用低毒、抗流失性好的木材防腐剂。

门窗和L形连接的木构件　原来一直用5%五氯酚溶解在具防水性能的轻质溶剂中浸

泡处理3min的方式，目前被IPBC替代，IPBC不适合用于与地接触的木材处理，暴露在天气中的木材处理还需要面漆保护。另外DCOI作为五氯酚替代品正在作为电线杆和其他工业使用的应用研究。

常压处理的防腐剂 可以选用8-羟基喹啉铜和环烷酸铜。用于轻有机溶剂型处理（LOSP）主要用来处理木结构框架、门窗部件、外墙板、户外家具等，药剂有基烷基铵化合物（AAC）、DCOI、IPBC、菊酯类、丙环唑、戊唑醇等，用于低生物风险环境使用的门窗、层积材、集成材的防腐处理。对长期浸泡在海水（咸水）中使用（C5等级）的海水（咸水）码头护木、桩木、木质船舶等场所使用的防腐木，只可以使用CCA和ACQ-2防腐剂；CCA应用于铁道枕木、煤矿坑木、通信电线杆、海港桩木等。

不同的木材防腐剂具有不同的使用方法和注意事项。一般来说，防腐剂的选择和使用取决于木材的种类、用途以及所处的环境条件。以下是一些市面上常见的木材防腐剂的使用方法和注意事项：

杂酚油防腐剂 使用方法：可以通过刷涂、浸渍或喷涂的方式应用在木材表面。注意事项：使用时应在通风良好的环境，液体切勿接触皮肤和眼睛。

铜氨（胺）防腐剂 使用方法：一般涂刷在木材表面，确保涂覆均匀。注意事项：避免与其他化学物质混合使用，注意不要与防腐剂直接接触，佩戴适当的防护装备。

含铜水载型防腐剂 使用方法：一般通过浸渍法处理木材，确保防腐剂充分渗透。注意事项：注意不要与防腐剂直接接触，佩戴适当的防护装备。

按照环境等级，可参考表1-3进行防腐剂选用。

表1-3 不同使用等级可选用的防腐剂

药剂	C1等级	C2等级	C3.1等级	C3.2等级	C4.1等级	C4.2等级	C5等级
硼化物	√	√					
ACQ-2	√	√	√	√	√	√	√
ACQ-3，ACQ-4	√	√	√	√	√	√	
铜唑	√	√	√	√	√	√	
微化铜唑	√	√	√	√	√	√	
CCA					√*	√	√
CuHDO	√	√	√	√			
柠檬酸铜	√	√	√	√	√		
三唑类	√	√	√	√			

（续）

药剂	C1等级	C2等级	C3.1等级	C3.2等级	C4.1等级	C4.2等级	C5等级
DCOI	√	√	√	√			
8-羟基喹啉酮	√	√	√	√			
环烷酸铜			√	√	√	√	

注：√表示可选用；√*表示可选用，仅用于腐朽和白蚁危害风险严重区域（GB/T 33041—2016 的 Z4 区域）。

28 五氯苯酚防腐剂的使用限制有哪些？

随着全球环境和人类身体健康问题日益备受关注，欧盟持久性有机污染物法规[（EU）2019/1021，以下简称POPs法规]也一直在不断被修订和完善。2020年9月1日，欧盟委员会发布了一项草案[Ares(2020)4532780]，提议明确规定POPs法规附件I中五氯苯酚及其盐和酯类（以下简称PCP）的限值。

在美国，多达60%的在役电线杆使用PCP，PCP主要用作农业除草剂、纺织品、皮革、纸张和木材的防腐剂和防霉剂。PCP是一种可溶解于石油载体的稳定化合物，具有高持久性。木材防腐剂溶液中化学物质浓度的质量分数通常为5%。PCP在通常条件下，不被氧化也难于水解，具有很高的吸附性和极强的生物蓄积作用，并且PCP具有致癌性，故PCP对人体和环境都有强危害性。

鉴于环烷酸铜和DCOI（4,5-二氯-2-正辛基-3-异噻唑啉酮），以及其他成熟的木材防腐剂可作为安全的替代品，PCP对人类健康构成的风险超过了其使用带来的好处，因而2022年2月4日，美国环境保护局（EPA）发布了一项最终注册审查决定，要求取消PCP的注册并启动了风险缓解的过程。PCP的全面淘汰将在5年内进行，旨在确保电线杆行业的稳定，让木材处理厂有时间转向替代木材防腐剂。注册者允许在接下来的2年内继续生产、销售和分销含有PCP的木材防腐剂，同时木材处理设施会转向替代品。2024年2月后，木材处理设施将被允许使用其现有的PCP库存生产处理木材，为期3年。2027年2月后将全面禁止PCP的使用。

2022年，加拿大卫生部下属有害生物管理局（Pest Management Regulatory Agency，PMRA）也决定取消PCP的注册。北美PCP的唯一制造商已于2022年停产，一旦库存耗尽，这种化学品将不再能作为木质电线杆防腐剂。美国木材保护协会（AWPA）2023年年会上讨论拟于2027年后将PCP从AWPA标准中删除。

我国国内目前对PCP的原料六氯苯已禁止生产、流通、使用和进出口，逐渐也就停止了PCP的供应。

29 纳入我国国家标准的水载型木材防腐剂有哪些？常用水载型木材防腐剂的特点及其酸碱性如何？

纳入国家标准GB/T 27654—2023《木材防腐剂》的水载型木材防腐剂的类型有铜铬砷（CCA-C）、烷基铵化合物（AAC）、硼化合物、氨（胺）溶性季铵铜（ACQ）、铜唑（CA）及微化铜唑（MCA-4）、戊唑醇/丙环唑（PT）、酸性铬酸铜（ACC）、双-（N-环己烷基二氮烯二氧）铜（CuHDO）和柠檬酸铜（CC）。

铜铬砷（CCA）　铜铬砷复合防腐剂是一种常用的防腐剂，其中的有效成分为铜、铬、砷的氧化物或盐类，标准中列入的是CCA-C，是目前国内应用最大的水载型防腐剂（表1-4）。

表1-4　CCA-C的组成成分

有效成分	比例/%
六价铬（以CrO_3计）	47.5
二价铜（以CuO计）	18.5
五价砷（以As_2O_5计）	34.0

氨（胺）溶性季铵铜（ACQ）　ACQ是由铜氨（胺）溶液和季铵盐复配防腐剂，根据配方组成不同，标准里包括ACQ-2、ACQ-3和ACQ-4（表1-5）。

表1-5　ACQ的组成成分

有效成分	比例/%		
	ACQ-2	ACQ-3	ACQ-4
二价铜（以CuO计）	66.7		
二癸基二甲基氯化铵（DDAC）	33.3		33.3
十二烷基苄基二甲基氯化铵(BAC)		33.3	

铜唑（CA）　铜唑是由铜氨（胺）溶液和高活性杀菌剂三唑类化合物复配而成，根据三唑化合物种类和含量不同，标准里包括CA-2～CA-7共6种防腐剂（表1-6）。

表1-6　铜唑组成成分

有效成分	比例/%					
	CA-2	CA-3	CA-4	CA-5	CA-6	CA-7
二价铜（以Cu计）	96.1	96.1	96.1	98.6	98.3	97.0

（续）

有效成分	比例/%					
	CA-2	CA-3	CA-4	CA-5	CA-6	CA-7
戊唑醇	3.9		1.95			
丙环唑		3.9	1.95			
环丙唑醇				1.5		
己唑醇					1.7	
三唑醇						3.0

烷基铵化合物（AAC） AAC是季铵盐和其他烷基铵混合溶解在短碳链醇（≤C4）或水中配制而成，包括AAC-1和AAC-2两种，目前国内罕有使用。

硼类防腐剂 是无机硼盐类的总称，可以使用的硼酸盐化合物为八硼酸钠、四硼酸钠、五硼酸钠、硼酸等及其混合物。它的优点是低毒、抗虫、抗菌，通常用于处理锯材、门窗、家具、地板等室内用材，但这类防腐剂抗流失性能很差，不能用于处理户外用材。

微化铜唑（MCA） 微化二价铜及三唑化合物的复合防腐剂，其和CA区别在于含铜化合物（碱式碳酸铜或氧化铜）以纳米级别的微粒均匀分散在水中，由于不使用一乙醇胺或氨水，使用成本较CA更低，但其制备需要特有设备，目前国内还未有工业化生产。

水载型有机防腐剂 即有机防腐剂通过制备成水基化微乳制剂，直接兑水使用。常用的是戊唑醇/丙环唑（PT）、己唑醇、8-羟基喹啉铜（copper oxine）、环烷酸铜（copper naphthenate，CuN）、3-碘-2-丙炔基-丁氨基甲酸酯（IPBC）、4,5-二氯-2-正辛基异噻唑啉-3-酮（DCOI）等。

其他种类 包括柠檬酸铜（CC）和双-(N-环己烷基二氮烯二氧)铜（CuHDO）等，这些防腐剂使用较少。

我国迄今经防腐处理后使用的木材占比很少，当前使用最多的是水载型防腐剂，约占防腐剂使用总量的3/4。由于CCA带来的潜在环保风险，在国外已限制性或禁止使用，我国也已经实施国家标准对其限制使用GB/T 31763—2015《铜铬砷（CCA）防腐木材的处理及使用规范》，目前与CCA防腐剂相媲美，而对环境更安全的防腐剂包括ACQ、铜唑和微化铜唑及其他水载型防腐剂。

CCA CCA防腐剂对腐朽菌、白蚁、昆虫、海生钻孔动物防治效果较好，药剂成分不易流失，耐久性较好，可以有效保护木材免受虫蚁和腐朽菌的侵害，是一种相对经济的防腐剂；但含有铬和砷，对人畜有毒，对环境具有潜在的危害，CCA防腐木固体废弃物处理环保压力较大，欧美、日本及我国对CCA防腐木限制或禁止使用。

ACQ　ACQ防腐剂呈深蓝色，在GB/T 27654—2023《木材防腐剂》标准中，ACQ共有3个剂型：ACQ-2、ACQ-3和ACQ-4，三者的区别在于ACQ-2和ACQ-4的季铵盐为DDAC，ACQ-3的季铵盐为BAC。ACQ防腐剂的优点：①具有良好的防腐、防虫的性能；②对木材具有良好的渗透性，可用来处理大规格、难处理的木材和木制品；③低毒，为环境友好型防腐剂，不含砷、铬、酚等对人畜有害的成分。ACQ曾经成为取代CCA的木材保护剂，在美国、日本和我国大量投入使用。但与有机木材防腐剂及CA相比，ACQ处理木材需要较高的载药量，使用成本相对较高。

硼类防腐剂　硼类防腐剂对木材危害生物高毒，而对人畜低毒，抗菌广谱且价格经济，已成为一类较为重要的防腐剂。AWPA相关的无机硼于1995年列入标准P5，在澳大利亚、新西兰和欧洲的使用也有50年左右的历史。通常用于处理锯材、胶合板、定向刨花板、门窗、家具等。但是这类木材防腐剂不能用于处理户外用材。

铜唑　铜唑（copper triazole，CA）防腐剂呈深蓝色，外观与ACQ防腐剂类似。由二价铜、三唑化合物、氨或胺、水按一定比例组成，是传统的铜基系列防腐剂之一。铜唑防腐剂不含砷、铬和其他持久性的有机污染物，不含挥发性有机化合物，对环境友好；低载药量即可达到高防腐效果，所以高效且成本相对较低，抗流失，市场份额逐年增长，具有未来取代ACQ的趋势。我国GB/T 27654—2023《木材防腐剂》中，根据有效成分及其含量的不同将铜唑分为CA-1、CA-2、CA-3、CA-4、CA-5、CA-6和CA-7共7类。

烷基铵化物　烷基铵化物（AAC）是第三级铵盐和第四级铵盐的总称，它对危害生物防效广谱、对环境的影响小、自然降解性好，处理后的木材外观和加工性能与未处理材相似，颇有应用潜力，该药剂于1998年再次列入AWPA标准。AAC作为木材防腐剂为水溶性的，与铜铬砷类防腐剂价格相近，但其抗流失效力较铜铬砷类防腐剂低。在烷基铵化物中，季铵盐用作木材防腐剂的研究较多。季铵盐本是一种阳离子表面活性剂，自从半个多世纪前Domagk G发现含有长链烷基的季铵盐具有强力的杀菌性能以来，被逐步引入到木材保护行业。

环烷酸铜　由于环烷酸铜（CuN）具有长效性、广谱性、安全性等优势，所以其活跃在木材防腐剂的市场中，并且有替代煤杂酚油，或和煤杂酚油混合使用的趋势，特别是近年来开发出水载型环烷酸铜，使得其使用范围更加拓宽。CuN也是美国环境保护局没有限制其使用范围的一种油载型木材防腐剂。

8-羟基喹啉铜　8-羟基喹啉铜（Cu-8）是一种防霉和防变色性能都特别好的防腐剂，也是一种没有受到美国环境保护局限制的防腐剂，还被美国食品和药物管理局批准可用于直接和食物接触的木材的防腐处理。Cu-8可以用作地面以上使用木材的防腐剂，也可以单独或和其他杀菌剂组合成新的防腐剂，如Cu-8可以和多菌灵组成Hylite Extra防腐剂，也可以和正辛基异噻唑啉酮组成Hlite109防腐剂，还可以与CrCl₃络合组成防霉剂。此外，Cu-8溶解在重油中组成的防腐剂，具有作为与土壤接触木材处理用的防腐剂的潜力。所以，Cu-8是一种很有发展前途且对环境友好的木材防腐剂。

不同种类的防腐剂具有不同的化学性质和化学组成，因此它们的pH值也会有所不同。以下是一些常见防腐剂的pH值范围：

CCA-C防腐剂　pH值通常为1.6～2.5，属于酸性。

ACQ防腐剂　pH值通常8.0～11.0，属于碱性。

CA防腐剂　pH值通常8.0～11.0，属于碱性。

AAC防腐剂　pH值通常3.0～7.0，属于酸性至中性。

硼类防腐剂　溶液的pH值应为7.9～9.0，属于弱碱性。

水载型有机防腐剂　由于一般不添加酸碱性很强的化合物，通常接近中性。

需要注意的是，以上是一些常见防腐剂的大致pH值范围，并且可能会因具体产品、制造商和使用条件而有所变化。

30 木材防腐剂在推广使用前应该做哪些研发测试？

防腐剂在推广使用之前，均应该经过一系列研发测试，这些试验测试旨在评估防腐剂的效果及质量指标、持久性以及安全性等方面的性能。

效果及质量指标测试　防腐剂的效果及质量指标试验通常应包括室内耐腐试验和野外试验，室内耐腐试验测试防腐剂处理木材的耐腐朽菌侵染的能力，需分别测试白腐菌和褐腐菌，评估防腐剂腐朽菌的抑制效果，此外也会测试对白蚁等虫蚁的防治效果，并根据不同载药量设定野外测试载药量梯度。野外试验是防腐剂从实验室走向实际应用的必经过程，需在户外实际环境中对暴露在自然条件下的防腐木进行长期监测，评估防腐剂在实际使用情况下的防腐效果和质量指标，根据防腐木使用等级，可分为野外暴露和野外埋地试验，试验周期通常在8年以上，有些研究者甚至观察几十年之久。

CCA、ACQ和CA作为使用量最大的几种防腐剂，均经过一系列系统试验验证后被采用，处理的防腐木均能够使用20年以上，具有非常好的防腐效果。不同的防腐剂可能具有不同的防腐效果，这取决于防腐剂的成分、浓度和使用方法等因素。另外，防腐剂的防腐效果也会受到木材的树种、含水率、处理方式和使用条件等因素的影响。

抗流失测试　优异的防腐剂应是能够很好地固着在木材中而较少或不流失的，这样才能保持防腐效果的持久性和将由于药剂流失在环境中而对环境造成的污染和影响降至最低。所以需进行流失率测试和抗流失性评价。

安全性评价　安全性评价包括防腐剂配方中各成分对人畜和环境毒性、防腐剂生产和木材防腐处理过程中的安全性评价、防腐木使用安全性和废弃物处理安全性等。

31　CCA、ACQ、CA三大水载型防腐剂对金属的腐蚀性如何？

研究认为，三大水载型防腐剂中，CCA、ACQ防腐剂对铁、电镀锌铁有较强的腐蚀，而对热镀锌铁和不锈钢友好。在对铁腐蚀性上，ACQ较CCA腐蚀性大，以乙醇胺作配体的防腐剂耐腐蚀性较氨水强；在对403不锈钢、304不锈钢和1018钢的腐蚀性上，ACQ的腐蚀性要大于CCA，这是因为铬酸盐能够抑制腐蚀发生，而ACQ中缺少铬离子；ACQ对于G90和G185热镀锌钢的腐蚀性大约是CCA的2倍；CA对304不锈钢、201不锈钢、6061铝合金和7075铝合金无金属腐蚀性。在防腐剂储存、运输和防腐处理系统的保存中，应选择塑料或不锈钢容器，以减少因腐蚀而产生的泄漏；避免选用铜质仪表，避免设备损毁。

CCA、ACQ和CA防腐剂处理木材中对金属的腐蚀主要是指对金属连接件的腐蚀，潮湿的铜基防腐处理木材中金属的腐蚀与铜离子有直接的关系。防腐处理材对金属的腐蚀性与木材防腐剂虽然不同，但基本上与防腐剂的金属腐蚀性一致，因此防腐处理材的金属连接件可优先选择不锈钢等耐腐蚀金属。ACQ辐射松处理材对冷轧低碳钢、316不锈钢和热镀锌低碳钢的腐蚀性较CCA处理材大；ACQ处理材对热镀锌钢的腐蚀速率是CCA处理材的6～10倍；而铜唑处理材较ACQ处理材对金属腐蚀性小，对热镀锌低碳钢、304不锈钢、201不锈钢等基本无腐蚀。

国内评价金属腐蚀性的测试标准主要有GB/T 34726—2017《木材防腐剂对金属的腐蚀速率测定方法》和GB/T 34724—2017《接触防腐木材的金属腐蚀速率加速测定方法》。

32　CCA、ACQ、CA三大水载型防腐剂的安全合格性如何？

使用量较大的三大水载型防腐剂的安全合格性比较如下：相比于CCA防腐剂，由于CA防腐剂不含铬和砷等重金属成分，对人畜毒性低，对环境潜在危害较小，所以在安全性方面具有一些优势。相比于ACQ防腐剂，CA防腐剂用量较低，C3等级：ACQ防腐木中载药量要求为不低于$4.0kg/m^3$，CA-4防腐木中载药量要求仅为不低于$1.0kg/m^3$。C4.1等级：ACQ防腐木中载药量要求为不低于$6.4kg/m^3$，CA防腐木中载药量要求为不低于$2.4kg/m^3$。C4.2等级：ACQ防腐木中载药量要求为不低于$6.4kg/m^3$，CA防腐木中载药量要求为不低于$4.0kg/m^3$。CA和ACQ中对环境造成影响的是铜，同样情况下CA较低的使用量对环境造成压力较小，相对更环保。

CA防腐剂安全性比含有铬、砷重金属的CCA、油类防腐剂和重油溶剂的油载型防腐剂更好，与微化季铵铜和微化铜唑的安全性相当，但是不如无机硼类防腐剂和水载型有机防腐剂。

33 CA防腐剂的抗流失性如何？

CA防腐剂因其中所含三唑药剂不同存在多种类型。常用三唑药剂有戊唑醇、丙环唑、环丙唑醇和三唑醇等，除了铜和三唑外还含有表面活性剂、防冻剂等多种助剂，但以铜和三唑为有效成分。防腐剂抗流失性即防腐木中药剂活性成分长期保留于木材中而不流失的能力，良好的抗流失性能是防腐木材耐久性及长期保护的关键，特别是防腐木材用于户外时。

早年使用的CA防腐剂含有硼，硼化物因易溶于水而流失严重，室内抗流失试验研究结果显示，单独的硼化物流失率在90%以上，目前市场使用以及国家标准中列入的CA防腐剂均不含硼。李晓文等人系统研究了5种三唑微乳剂及复配CA防腐剂的抗流失性能，结果显示：各CA制剂中三唑的固着率基本在80%～90%，各三唑制剂中加入铜能有效提高三唑有效成分在处理材中的固着率；三唑有效成分的固着率均随载药量增大而减小，这可能和木材构造有关系，即木材通路和孔隙有限的情况下，在铜的作用下仅有一定量的三唑能够固着稳定。CA中铜的固着率基本在90%以上，其中最高达96.2%，固着机理研究显示铜固着率高是因处理材中木质素与二价铜充分反应有关。尽管CA防腐剂具有较高的抗流失性，但在长期使用和暴露条件下，防腐剂降解仍然会缓慢发生。因此，正确使用和维护对于维持防腐效果的持久性非常重要。

34 如何快速识别防腐木使用的是哪种防腐剂？

快速准确识别哪种防腐剂处理的木材实际还是很困难的，一般需要送样至专业分析机构进行实验室分析。目前国内防腐木常用的是水载型防腐剂，可以通过检测有效成分来大致分析判断防腐剂种类：如果在含铜药剂中检测出砷和铬，则分析该药剂可能是CCA；检测出DDAC，则分析可能是ACQ；检测出柠檬酸，则可能是CC；检测出唑类，则可能是CA；检测出吡虫啉，则可能是PTI。

快速识别防腐木使用了哪种防腐剂处理，可以考虑以下几个简易方法：

观察木材颜色　不同的防腐剂处理会使木材呈现不同的颜色，CCA处理的木材通常呈现绿色，而ACQ和CA处理的木材初期通常呈现绿色偏蓝，经过二次烘干或暴露在空气中后逐渐变为黄棕色；硼类防腐剂和有机防腐剂处理的木材呈现木材本色。国外市场上的防腐木还进行特殊染色以进行区分，不同的颜色可能对应不同的防腐剂。

嗅觉检测　防腐木可能散发出一些特殊的气味。不同的防腐剂有不同的气味。然而，这种方法可能不够准确，因为某些防腐剂是无色无味的。

显色反应　CCA、ACQ、CA防腐木材含铜木芯部分滴加或喷洒显色剂（铬天青试剂）后显示深蓝色；硼类防腐剂处理木材截面部分滴加或喷洒显色剂（姜黄素和水杨酸的酸性乙醇溶液）后显示淡红色。

查看标志或标识　一般防腐木应将防腐剂处理的信息标注在木材上或附带产品标签。检查木材上是否有任何标签或印刷，这可能提供一些有关使用的防腐剂的信息。国外进口防腐木通常会有标识，标识上面一般需注明使用的防腐剂类型。

咨询供应商或生产厂家　如果无法通过观察或标识判断防腐剂类型，可以咨询防腐木的供应商或生产厂家，能够得到准确的信息和确认使用的防腐剂类型。

以上方法可能并不十分准确，只能提供初步的信息。如果需要准确的检测结果，建议寻求专业机构的帮助。

35　什么是CCA防腐木，它在国内外的使用限制有哪些？

CCA是防腐剂铜铬砷（copper chromium arsenate）三元复合物的缩写。CCA防腐木是指经过CCA防腐液处理过的木材。CCA防腐木是国家标准GB/T 27651—2023《防腐木材的使用分类和要求》中可应用在C5等级，因对环境和人体健康的风险，其在C1～C3等级不建议使用。

木材防腐剂对环境的影响亦越来越为人们所重视。根据斯德哥尔摩公约，有机氯杀虫剂（防白蚁）和杀菌剂（防腐、防霉）将停止或限制使用。而由于CCA中含有的砷和铬有可能危害人身健康及环境质量，并且CCA处理材的无害化处理存在挑战，因此在很多国家开始禁用CCA。2002年2月12日，联合国环境保护署宣布了一项工业界自愿作出的决定：即从2003年12月起将含砷处理木材撤出民用木材市场。针对这种形势，各个国家的木材防腐产业作出了调整和改变，不同国家对CCA防腐木材的使用限制和规定有所不同，以下是一些代表国家的限制情况。

欧洲　根据欧盟相关法规，使用含有砷的CCA防腐剂材料受到监管和限制，欧盟2003/2/2EC指令禁止CCA防腐木用作以下用途：住宅建筑结构及家居生活使用木材、存在皮肤接触风险的任何设备、牲畜的栅栏木桩及其他农用支架、水域中、人或其他动物将接触的木制品或其半成品。此外，一些欧洲国家还有额外的限制和规定，如禁止在公共场所和敏感环境中使用。

美国　限制使用CCA防腐木。美国于2004年1月1日起开始逐渐限制复合防腐剂CCA的使用：所有CCA加压处理的木材，都将不能在民用场合使用，只能作为工业用途使用，而且将对CCA产品实行新的标识制度，以确保CCA产品不被用在民用场合。

加拿大　加拿大对CCA防腐木的使用也进行了一些限制和指导，加拿大木材标准协会制定了相关的指南和标准，对CCA防腐木的使用进行了规定，以保护公众和环境的健康。禁止使用CCA防腐木于儿童游乐设施、室内家具等与人体密切接触的场合。

澳大利亚　为了保护公众健康和环境安全，澳大利亚政府于2006年宣布禁止CCA防腐木应用在接触土壤、播种区和食品或饮用水接触区域等民用领域。包括禁止使用于室内家具、儿童玩具等与人体直接接触的产品。

日本　日本的禁止限制措施最为彻底，从2004年全面禁止CCA防腐剂的使用。

中国　我国目前是限制性使用，在国家标准GB/T 31763—2015《铜铬砷（CCA）防腐木材的处理及使用规范》中对CCA防腐木的使用进行了严格的规定：

（1）禁止使用于C1～C3.1等级的环境。

（2）C3.2等级仅用于户外吸音板，其他不与地接触的栈道、平台地板、步道禁止使用。

（3）腐朽分区Ⅰ、Ⅱ、Ⅲ中的C4.1等级即使与地接触环境也禁止使用，腐朽Ⅳ区的与地接触环境可以使用，典型用途是腐朽Ⅳ区的木屋基础、围栏支柱、支架、电线杆等。

（4）C4.1等级中长期浸泡在淡水中的冷却水塔可以使用。

（5）C4.2、C5等级环境中长期浸泡在淡水或海水的环境构件，包括淡水或海水的码头护木、桩木、矿柱、木质船舶等。

36 什么是ACQ防腐木，它适用于什么环境？

ACQ是氨（胺）溶性季铵铜（alkaline copper quaternary）的缩写，ACQ防腐木是指将木材经过ACQ防腐液加压处理的木材。与CCA防腐木相比，ACQ防腐剂不含铬和砷，减少了对环境和人体健康的潜在风险，ACQ防腐木在环保性方面具有优势，是一度替代CCA处理木材的环保型木材防腐木。

ACQ防腐木中，ACQ-2可以用于任何环境，ACQ-3和ACQ-4用于除C5（海水环境中）以外的环境。

37 什么是CCB防腐木，它适用于什么环境？

CCB是防腐剂铜铬硼（copper chromium boron）三元复合物的缩写，主要成分为硼化合物与酸性铬酸铜的复配物。CCB防腐木是指经过CCB防腐液处理的木材。与CCA防腐处理相比，CCB防腐处理具有一定的环保优势，因为它不包含有害的砷化合物，CCB防腐木因含有铬化物，使用仍受到一定限制，目前国内市场基本很难见到此种防腐木。

38 什么是CA防腐木，它适用于什么环境？

CA是铜唑（copper azole）的缩写，CA防腐木是指将木材经过CA防腐液处理的木材。与CCA防腐木相比，CA防腐剂不含铬和砷，是一种常用安全合格的木材防腐处理材料；与ACQ相比，CA防腐剂处理木材，达到同样防腐等级的药剂载药量低、高效、抗流失，故CA防腐木在药剂成本控制和安全高效方面优势更明显（图1-20、图1-21）。

CA防腐木可以用于室内环境，适用于GB/T 27651—2023《防腐木材的使用分类和要求》里面规定的C1～C4.2等级，但不能用于C5等级（海洋环境中）。

CA防腐剂组成成分是铜离子和三唑类化合物，金属离子只含有铜，铜是生命必需元素之一，和人体多种生理功能直接相关；铜对环境不是重要污染物，只有超量的铜才会导致对环境的污染，所以相对低毒；三唑类化合物对人畜的毒性和环境影响也很小，比如，戊唑醇的大鼠急性口服半致死量$LD_{50} > 4000\text{mg/kg}$，急性经皮$LD_{50} > 4000\text{mg/kg}$，且无致畸致癌致突变作用；戊唑醇和丙环唑在农业上可用于粮食、水果和蔬菜等多种作物，属于农业生产推荐用药。此外，国家标准GB/T 27651—2023《防腐木材的使用分类和要求》中CA防腐木在C1和C2等级的室内环境中明确规定了载药量，是可以用于室内的。

只是需要注意：CA防腐木室内、室外使用都应避免和铝制品接触，当在铝制品附近使用，如铝墙板、泛水板、家具和门窗框架等，CA防腐木和铝制品之间必须留出空间，或用聚乙烯或尼龙垫片可用于保持间距。另外避免高温和接近火源；避免与食物和饮用水直接接触；避免室内切割防腐木，以免粉尘引起接触和呼吸过敏以及火灾风险。

39 什么是LOSP防腐剂？LOSP防腐木适用于什么环境？

LOSP指轻型有机溶剂型防腐剂（light organic solvent preservatives），以有机溶剂为载体，含有杀虫剂、杀菌剂或二者复合物，有时甚至含防水剂、防霉剂等，有机溶剂往往

图1-20　CA防腐木户外垃圾箱　　　　　　　　图1-21　CA防腐木庭院栅栏

图1-20　CA防腐木户外垃圾箱

图1-21　CA防腐木庭院栅栏

用的是烃类或碳氢化合物的馏出物，因而统称轻型（轻质）有机溶剂型防腐剂。

LOSP 最初用于处理窗框、木材连接件、木线条等，现在用于处理最终形状的木制品，由于不含水，所以不影响处理材的含水率和尺寸，无须二次干燥，也不必二次加工。处理的木制品用于 C3 等级的环境以上，不能应用于与地面接触的场合。其包括 C1 等级环境的木屋架、地板、内部连接件；C2 等级环境的屋架、工程木（包括集成材）；C3 等级环境的栅栏护围、凉亭、窗连接件、步道、户外木结构等。

LOSP 只能处理含水率在 18% 以下的干材。

40 防腐木可以用来制作花箱吗？

防腐木可以用来制作花箱（图 1-22、图 1-23）。有内胆的花箱（防腐木不与土壤直接接触）可以使用 C3 等级的防腐木；不用内胆而与土壤直接接触的木材部分应使用 C4.1 等级以上的防腐木，用来种菜的花箱无论有无内胆均不建议选择 CCA 防腐木。

41 不同种类防腐木使用成本如何？

不同种类防腐木的使用成本受到多种因素的影响，包括木材种类、板材等级和规格、防腐等级和市场供需等。总体上，CCA 防腐木成本较低，但是其成分对环境和人的潜在风险而被限制使用，国家标准 GB/T 31763—2015《铜铬砷（CCA）防腐木材的处理及使用规范》已不建议使用 C3 等级；两种安全防腐剂 ACQ 和 CA，由于 CA 更高效，使用成本低于 ACQ。此外，C3 等级可使用多种有机防腐剂，有机防腐剂对腐朽菌具有超高效的抑制效果，使用量非常低，使用成本比 CCA 更低。

图 1-22　防腐木花箱　　　　　　　　　　　　　　图 1-23　防腐木花箱和秋千架

三

防腐木的消费
现状

42 我国每年的防腐木用量有多少？

防腐木在我国的应用领域广泛，包括木结构房屋、室内家具（橡胶木等）、公园步道、园林景观、公共设施、桥梁、码头等（图1-24）。根据最新的统计数据，目前我国防腐木用量每年在500万～600万 m^3，占锯材总消耗量的比例远低于发达国家。随着人们对环境保护和可持续发展的意识增强，防腐木的使用量也在逐渐增加；同时，相关政府部门对于木材行业的管理和监督也在不断加强，以确保防腐木的生产和使用符合国家环境保护标准和质量要求。

43 我国目前不同种类防腐木的使用情况如何？

我国目前使用的防腐木种类主要包括CCA防腐木、ACQ防腐木、CA防腐木、硼化物防腐木和有机防腐剂处理的防腐木等。其中，CCA防腐木、ACQ防腐木和CA防腐木使用量占比在90%以上，CCA防腐木是最早使用且用量最多的防腐木类型，且以处理樟子松为主，随着环保要求越来越严，在新修订国家标准里C3等级不建议使用CCA防腐木，其使用量会有所下降；ACQ防腐木是最早的CCA防腐木替代产品，使用量逐年增加，C3等级使用较多，以处理欧洲赤松为主；CA防腐木是新一代安全高效防腐木，以处理辐射松、南方松和赤松较多，目前国内产量虽不是很高，仅有几家防腐木企业生产，但随着CCA防腐木使用量的减少，CA防腐木使用量会逐渐增加。

国内其他种类防腐木用量较小，主要有以下几种：硼化物防腐剂主要用在橡胶木和室内木构件上，每年使用量大约50万 m^3；水载型有机防腐剂在竹材企业和部分防腐木企业有所使用，每年处理量超过3万～5万 m^3；LOSP防腐木国内有少数企业生产，但产品量很小，主要用于出口（图1-25）。

图1-24　防腐木观景台

图1-25　LOSP防腐处理设备

44 **发达国家人均防腐木用量有多少？不同防腐木种类使用概况如何？**

发达国家人均防腐木的用量因国家和地区而异，不同国家有不同的建筑习惯、气候条件和木材资源。总体而言，防腐木作为一种耐久的生物材料，在发达国家已得到了广泛应用。例如，在北美地区，每年防腐木用量在2000万 m^3 以上；其他发达国家如欧洲国家、澳大利亚和新西兰等也有较高的人均防腐木用量。

总的来说，人均防腐木用量在发达国家相对较高，因为这些地区对于建筑材料的耐久性和环保性要求较高，而防腐木能够很好满足这些需求，所以有较大的市场需求。

不同国家和地区的防腐木使用情况有所不同：

树种 从树种上，防腐木树种以当地特有树种为主，如美国大量使用南方松，包括萌芽松（*Pinus echinata*）、湿地松（*Pinus elliottii*）、长叶松（*Pinus palustris*）、火炬松（*Pinus taeda*）和花旗松（*Pseudotsuga menziesii*）；北欧以赤松（*Pinus sylvestris*）为主；澳大利亚、新西兰、智利和巴西等地以落叶松（*Larix* spp.）和辐射松（*Pinus radiata*）为主。

防腐剂 防腐剂基本是以CA和ACQ为主，每个国家和地区也有一些其他种类防腐剂的小量使用，因很多国家和地区对CCA防腐剂有禁止或限制使用，CCA防腐木在欧美、澳大利亚和日本等地的使用量很低，仅在一些特殊场所使用。以美国为例，广泛使用的防腐木是CA和MCA处理木材，占比在80%以上，ACQ防腐木使用量占比在4%左右，但是CCA防腐木的使用量只有1%左右，还有一定比例的硼类防腐木和有机药剂处理防腐木。

45 **国外的防腐木质量一定比国内的好吗？**

国外的防腐木并不一定比国内的防腐木质量好，国内正规厂家的防腐木完全可以与国外防腐木相媲美。判断防腐木的质量好坏并不只与产地有关，还需要考虑生产工艺、防腐剂类型、木材种类和使用等级等多个因素。在选择防腐木时，无论是国内还是国外生产的防腐木，关键是要有可靠的质量控制，只要是合格的防腐木均可以确保其耐久性能达到规定使用年限。

质量的好坏取决于多个因素，以下是一些需要考虑的因素：

生产工艺 无论是国内还是国外，使用规范的生产工艺可以提供更好的防腐效果，这包括处理前干燥、防腐罐真空–加压处理、处理材烘干等工艺，以及心材刻痕技术等。以上生产工艺均是确保防腐剂能够深入渗透到木材内部，从而提供持久的防腐性能的关键。

防腐剂类型 不同类型防腐剂的性能有所差异，选择经过严格测试和认可的安全合格防腐剂可以确保木材具有可靠的防腐性能，并且对人体和环境的安全性更高。目前国内木材防腐剂种类和生产技术均达到欧美国家水平，并且在有机防腐剂研发方面领先国外。

木材种类　不同树种木材具有不同的构造特点，对防腐剂的渗透和固着有一定影响，节疤、心材外露、心材占比太高的树种等均会影响防腐质量。国内外防腐木的主要区别在于材种上，这主要是取决于当地的木材资源情况，国外常用的美国南方松、欧洲赤松和新西兰辐射松与国内常用的樟子松综合性能相当。

客观而言，防腐木的生产技术在国内外都是相对成熟的，在基本的硬件设备、合格稳定的防腐剂和规范的工艺操作前提下，就能够保证合格的产品质量。国外防腐木的人工管理成本、运输成本、关税、多次流通环节、利润和品牌价值等原因，其价格必然比国内防腐木高出许多，如果选择国内正规防腐木生产厂家的产品，不仅其性价比远远高于国外防腐木，同时还可以享受到定规格生产、减少浪费等诸多优势服务。近几年，国内很多规范生产企业已经走向国际，出口防腐木产品至澳大利亚和欧美市场。

46 国内防腐木市场需求变化有哪些？

随着对环保和可持续建筑材料的关注，市场对防腐木的需求也发生了一些变化，主要变化体现如下：

使用区域广泛　从最初沿海地区向内陆辐射，包括西北地区如新疆、青海、甘肃等地已经开始大量使用防腐木。

应用领域延展　从最初的市政工程、园林景观建设，逐渐向旅游基建、文娱设施、居家环境改造升级领域延展。

产品类型丰富　从最初的枕木、电线杆、栈道，到花箱、栏杆、廊亭、幼教设施、露台、宠物屋等，产品类型多样。

产品性能高要求　对产品环保性、外观品质提出更高要求，如要求颜色均匀、稳定、不易褪色、不容易变形和开裂等。

47 国内防腐木产业的发展趋势如何？

防腐木在国内建筑装饰和园林景观领域有着广泛的应用前景，同时，随着可持续发展的推动和技术的不断创新，国内防腐木产业将继续发展壮大，走向国际市场。主要发展趋势如下：

可持续发展　防腐木作为一种可再生建筑材料，符合可持续发展的趋势，得到更广泛的应用。

技术创新　防腐木领域持续进行技术研发，新型安全合格的防腐剂研发、智能化设备和控制系统应用、装配式和模块化制造技术，逐步淘汰作坊式生产企业，引领产业高质量发展。

走向国际市场　防腐木作为国际建筑和园艺市场上的重要材料之一，随着我国防腐木产业规模扩大，防腐木加工技术和成本优势使其具备国际市场竞争力，出口量逐年增加。

四

质量　防腐木的产品

48 ▶ 防腐木的合格标准是什么？

防腐木合格的标准要求在 GB/T 27651—2023《防腐木材的使用分类和要求》中有明确说明，其中最重要的量化指标为载药量和透入度。

载药量　指防腐处理后木材中滞留的防腐剂有效成分的数量，单位为 kg/m^3。防腐剂载药量为最低载药量，且以防腐剂活性成分的总量计算。防腐木中防腐剂活性成分载药量采用 GB/T 23229—2023 及 GB/T 33021—2016 的分析方法，防腐剂载药量根据使用等级应达到相应规定的要求。

透入度　防腐剂透入度以边材透入率表示，即防腐剂的有效成分渗透到木材边材中的深度与木材（同侧）边材的总深度之比，以百分比表示。在木材边材的透入率要求为最小边材透入率，根据使用等级不同，边材透入率要求为85%～100%。对于表面心材，以透入度（单位为mm）表示（表1-7）。

表1-7　防腐剂在木材边材中的透入率和透入度要求

使用分类	边材透入率/%	心材透入度/mm
C1	≥ 85	/
C2	≥ 85	/
C3.1	≥ 90	/
C3.2	≥ 90	≥ 3 或 ≥ 5*
C4.1	≥ 90	5
C4.2	≥ 95	5
C5	100	10

注：5* 在 GB/T 33041—2016 的 Z2～Z4 区域，对于使用分类C3.2，不耐久或稍耐久木材树种板材厚度≥40mm，表面外露心材占板材横截面的比例 >20%，心材透入度应至少5mm；对厚度<40mm，表面外露心材占板材横截面的比例 >20%，心材透入度应至少3mm；在Z1区域，木材表面外露心材没有透入度要求。

其他要求　防腐木的表面应无可见的防腐剂沉积物；木材在防腐处理前，应尽可能加工至最终尺寸，以避免对防腐木材进行锯切和钻孔等机械加工；如果对防腐木材进行锯切、钻孔、开榫、开槽等加工，应使用原防腐剂的浓缩液或其他适当的防腐剂在新暴露的木材表面进行涂覆处理，以封闭新暴露的木材表面；CCA-C防腐处理的木材不应用于木结构房屋、园林建筑及户外桌椅、儿童游乐设施等居住或与人直接接触的构件。

49　应用在我国北方和南方的防腐木质量要求相同吗？

在我国，北方和南方不同区域与防腐木质量要求是基本相同的，防腐木的质量要求可根据国家标准GB/T 27651—2023《防腐木材的使用分类和要求》进行规范和指导，此标准适用于整个国家范围内的不同区域。

由于北方和南方的环境条件和气候差异，木材遭受腐朽、白蚁等生物危害的风险等级不同。因此，在使用防腐木时，可能需要根据地方气候环境和使用的具体场景来进行一些调整或适应。其中，一些有机防腐剂在北方无白蚁危害地区可直接使用；但在有白蚁危害地区，为防治白蚁，使用时需添加菊酯等防虫剂。国家标准GB/T 33041—2016《中国陆地木材腐朽与白蚁危害等级区域划分》中明确规定了木材白蚁、腐朽和生物危害风险区域划分。

50　为什么防腐木会出现"不防腐"现象，还有的"防腐木"仅仅2年左右就开始腐朽了？

防腐木"不防腐"的原因究其根本有两大原因：一是防腐木未合理使用；二是防腐木质量低甚至伪劣。

防腐木未合理使用的表现　适用于低生物风险区域的防腐木用在了高风险等级，如原本用在C2等级的用在了C4等级；适用于室内环境的用在了室外，如硼类防腐剂由于极易流失只建议在室内使用，在户外使用则防腐效果不佳。

防腐木质量低的表现　有些防腐木尽管载药量和透入度是合格的，但由于难以吸药的心材占比过多或者安装时心材外露，或者是由于木材本身缺陷导致防腐木处理没有达到均匀的透入度，导致使用时心材或者透入度低的部分率先腐朽使木材呈现不防腐现象（图1-26）。

图1-26　心材腐朽

防腐木未合理使用或者防腐木质量低这两种情况的防腐木也仍然比普通木材的使用寿命长，而被消费者和一些行业外人士认为"防腐木不防腐"的现象更多的原因是使用了伪劣防腐木，导致用了2～3年的"防腐木"就出现木材"烂了"的现象，使用寿命甚至低于未处理木材。这种伪劣防腐木是没有经过防腐处理的木材或表面涂刷防腐剂充当防腐木，或者仅用湿材进入压力罐过了一遍防腐液，木材基本上未渗透药剂，戏称"洗澡木"，这种伪劣防腐木在户外接触地面使用时仅仅2年就会出现腐朽现象。

伪劣防腐木的现象实际是由于防腐木市场的监督监管相对较弱，有些厂家为减少生产成本，仅仅通过简单浸泡生产防腐木或者湿材直接防腐处理，这样生产出来的防腐木是达不到防腐标准的。另外，一些防腐木用户片面追求价格，购买不合格防腐木进行使用，伪劣防腐木在户外当然容易出现腐朽现象。

伪劣防腐木"不防腐"是由于所用防腐木质量不合格所致，不应该由防腐木来背锅。真正的防腐木通过规范的处理工艺，将防腐剂注入木材并将药剂固着在木材中，提高其耐腐朽和耐虫蚁性能，合理使用一般均可使用30～50年，甚至更长时间。

51 伪劣防腐木有哪些"伪劣形式"？

劣质防腐剂 有些厂家为节约成本，购买劣质防腐剂或不合格防腐剂，或者不规范自行配制防腐剂，甚至用染料代替防腐剂，生产出来的防腐木当然也是伪劣防腐木。不合格防腐剂主要存在以下问题：有效成分不合格、没有达到标示的浓度、有机成分乳化不合格及粒径偏大等问题。这样就使生产出的防腐木不能够达到应有的防腐效果，带来有效成分容易流失、污染环境、腐蚀五金件等问题。这种情况在市场上很常见。

湿材处理 防腐木生产的正常工艺是对烘干材进行防腐处理，一些厂家为减少处理工艺，偷工减料，往往湿材直接处理，由于木材本身含水率高，导致防腐液浸入不足，透入度达不到标准要求，此类质量问题是伪劣防腐木中出现最多的情况。

生产工艺不规范 防腐剂工作液不达标、压力不够或者保压时间不够，吸液量不足，导致防腐剂仅透入表层，达不到标准要求的透入度，载药量不达标，此类问题出现相对较多。另外，对一些难以渗透的木材树种，外露心材未刻痕，导致防腐质量不达标。

欺诈行为 有些不良商家可能会以未经处理的木材染色冒充防腐木，这种情况下，木材实际上并没有经过有效的防腐处理，无法满足防腐木的要求。

伪劣防腐木防腐效果不理想，导致木材在短时间内腐朽或受到虫蚁的侵害。因此，选择防腐木时，需要从可靠的供应商购买。

52 安全合格防腐木与伪劣防腐木在产品性能上的区别有哪些？

耐腐性　正规防腐木能够达到预期的设计使用寿命，能够在恶劣环境中长时间保持稳定性，而伪劣产品可能在短时间内失去防腐效果。

环保性　正规防腐木使用安全合格的防腐剂，对环境和人体健康影响较小，而伪劣产品可能使用有害物质，存在环境污染风险。

安全性　伪劣产品可能存在质量隐患，如短时间内腐朽带来的安全风险。

53 伪劣防腐木出现的市场原因有哪些？

伪劣防腐木生产企业不是因为没有防腐技术或者防腐技术不过关，或者不了解自己生产出来的防腐木不合格，更多的还是故意为之，大多是屈从于市场和现实。而市场上伪劣防腐木出现的原因，可分析为以下4点：

价格战、低价竞标拉低了防腐木的品质　防腐木基础材料的品质及其生产成本包括：①木材。这是材料品质的基础，材种及材料的质量等级是防腐木质量的基础，也是防腐木成本占比最大的部分。②防腐药剂及载药量。成本要素主要有药剂本身成本和处理不同载药量的成本。市场上的药剂有很多，CCA、ACQ、CA、有机微乳药剂等，有机微乳药剂、CCA、CA相对比较便宜，但实际上成本主要与载药量相关。我国的防腐木使用等级分为C1、C2、C3、C4、C5等级，每个等级需求的载药量水平不一样。使用等级越高的地方其发生腐朽危害的风险越高，需要的防腐木载药量水平越高，成本就越高。③二次窑干。二次干燥是决定防腐处理后防腐剂在木材中稳定性的重要工序，也是防腐木材质稳定的重要工艺；但有的防腐木为了降低成本，没有进行二次窑干；还有的摊晒晾干处理，没有达到窑干含水率19%的质量要求。这些直接成本的累加，必然导致防腐木价格上升。而市场上有的企业为了抢夺客户资源，打价格战，使得防腐木的价格降到了本身的成本之下，而为了保证利润，防腐木处理质量下降，出现不足尺、载药量低于需要的载药量水平，或者不二次干燥等乱象。另外，公共建筑的工程项目一般采取低价竞标，大多经过了层层转包，关系复杂，各方利益都在平衡，实施单位只能降成本，材料品质必然下降。

低品质的防腐木产品影响了防腐木的"声誉"，让大众认为"防腐木不防腐""防腐木需要繁琐的后续保养"　劣质防腐木在实际使用中频现问题：载药量不足导致木材腐朽，湿材防腐木甚至比普通木材更易腐烂，部分公共设施一两年内便破损严重。这些现象并非真正防腐木应有的表现，但公众因长期目睹户外木质景观的种种乱象，往往将劣质产品的问题误认为行业常态。

生存的艰难迫使企业不得不屈从现实　不管甲方还是乙方，对防腐木行业及商家本已抱着一个怀疑的态度，企业去宣传毫无权威可言；且企业又分布在天南地北，品牌知名度不够，零散地去说服用户是很有难度的。要获得用户的信任，只能等待使用合格防腐木的时间检验，但这样做的时间成本极为巨大，也许要三年或五年。但企业在这期间要生存，不可能一下子把市场上有需求的低端产品都停掉，否则只有死路一条。这样的后果就是市场产生了恶性循环。

科普宣传不够、行业交流不足　政府、民众普遍对防腐木的认识不足，甲方对于防腐木的品质和应用标准知之甚少，设计师由于对于防腐木及其耐久性的认知不多，施工图纸往往也只是标注一个"防腐木"而已，并没有明确防腐剂类型、防腐等级、载药量等具体要求。

防腐木市场的良性发展需要政府、科研机构、防腐木生产企业、质量监督检验机构、设计单位和工程建设方等各司其职和齐心协作。

54　在木材表面涂刷或浸泡一层防腐剂，能达到防腐的效果吗？

木材表面涂刷或浸泡一层防腐剂可以产生一定的防腐效果，但其效果有限、相对较弱且并不持久，不能达到持续的防腐作用，甚至是"伪劣防腐木"的一种形式。

木材腐朽菌可降解木材细胞壁，其菌丝可侵染到木材内部，防腐处理要求木材边材达到85%～100%的透入度，才能起到长久防腐效果。这种表面涂刷或浸泡的防腐剂通常只能在木材表面形成一层薄膜，保护效果可能随时间和暴露环境的变化而减弱。

对于长期暴露在潮湿环境的木材，因为木材经常接触到水分和紫外线等外界因素，防腐剂可能会逐渐流失或分解，导致防腐效果减弱。此外，木材可能还存在内部的隐蔽区域，无法完全涂刷或浸泡，从而无法得到充分的防腐保护。因此，涂刷和浸泡只用于临时的补救措施，为了获得更好的防腐效果，通常建议采用经过真空—压力浸渍等专业处理技术，确保防腐剂能够充分渗透木材内部，提供更持久的防腐保护。

55　何谓"高端防腐木"，"芬兰木"是高端防腐木吗？

从防腐木专业角度考虑，不存在所谓"高端防腐木"的说法，防腐木使用需要根据使用目的和使用环境等因素进行综合考虑，只要能物尽其用、质量符合标准的防腐木都是合格的防腐木，其耐久性优良，都能达到长久使用的目的。而"高端防腐木"一词是在防腐木混乱市场中诞生的一个商家宣传概念。

防腐木消费市场上俗称的"芬兰木"或"芬兰松"，实际是一种不规范的产品名称，曾泛指北欧赤松防腐木，目前国内从芬兰进口的未经防腐处理的板材也称"芬兰木"。北欧赤松具有很好的结构性能，气干密度为0.54g/cm³。纹理均匀细密，质量较好。北欧赤松生长于寒冷地区，慢生树种，木质紧密，含脂量低，木材纤维纹理细腻、木节小、比大部分针叶材树种强度稍高。北欧赤松户外使用需要进行防腐处理。即使进行了防腐处理，也并非"高端防腐木"的代名词；对于防腐木而言，也没有"高端防腐木"的分类，只有合格与不合格之分。

56 防腐木使用分类等级如何划分？

GB/T 27651—2023《防腐木材的使用分类和要求》中，根据木材及其制品的使用环境和暴露条件，以及不同环境条件下生物破坏因子对木材及其制品的危害风险，危害等级分为7类（表1-8），与ISO 21887标准分级一致。

表1-8　防腐木材及其制品的使用分类等级

使用分类	使用条件	应用环境	主要木材生物败坏因子	典型用途
C1	室内	在室内干燥环境中使用，避免气候和水分的影响	蛀虫、干木白蚁	建筑内部及装饰、家具
C2	室内	在室内环境中使用，有时受潮湿和水分的影响，但避免气候的影响	蛀虫、霉菌变色菌、白蚁、木腐菌	建筑内部及装饰、家具、地下室、卫生间
C3.1	户外，但不接触土壤，表面有保护	在户外环境中使用，暴露在各种气候中，包括淋湿，但有油漆等保护避免直接暴露在雨水中	蛀虫、霉菌变色菌、木腐菌、白蚁	户外家具、（建筑）外门窗
C3.2	户外，但不接触土壤，表面无保护	在户外环境中使用，暴露在各种气候中，包括淋湿，但避免长期浸泡在水中	蛀虫、霉菌变色菌、木腐菌、白蚁	（平台、步道、栈道）的甲板、户外家具、（建筑）外门窗
C4.1	户外，且接触土壤或浸在淡水中	在户外环境中使用，暴露在各种气候中，且与地面接触或长期浸泡在淡水中	蛀虫、霉菌变色菌、木腐菌、白蚁、软腐菌	围栏支柱、支架、木屋基础、冷却水塔、电线杆、矿柱（坑木）
C4.2	户外，且接触土壤或浸在淡水中	在户外环境中使用，暴露在各种气候中，且与地面接触或长期浸泡在淡水中；难于更换关键结构部件	蛀虫、霉菌变色菌、木腐菌、白蚁、软腐菌	（淡水）码头护木、桩木、矿柱（坑木）
C5	浸在海水（咸水）中	长期浸泡在海水（咸水）中使用	蛀虫、霉菌变色菌、木腐菌、白蚁、软腐菌、海生钻孔动物	海水（咸水）码头护木、桩木、木质船舶

57 长期浸泡在淡水里需要用什么标准的防腐木？泡在水里的防腐木其防腐剂会流失吗？

防腐木的选择应由具体使用环境、法规要求和可行性决定。在GB/T 27651—2023《防腐木材的使用分类和要求》中，长期浸泡在淡水中需要使用C4（含C4.1和C4.2）等级的防腐木，两者区别在于C4.2等级是防腐木用于难于更换或关键结构部件，如（淡水）

码头护木、桩木、矿柱。

可用于户外环境的防腐木，其防腐剂须具备抗流失性是选择可否应用的必备原则之一；合格的防腐木在生产过程中，防腐剂与木材之间发生了固化反应，形成了一种稳定的不溶于水的金属络合物，具有很好的抗流失性能。但如果是长期浸泡在水中是否会导致防腐剂流失，则取决于防腐剂的性质。一般来说，防腐处理设计中C4.1等级以上环境的防腐木是可以在潮湿环境下保持其效果的，但长时间的浸泡可能会导致部分防腐剂流失；不同类型的防腐剂在不同的环境条件下流失率表现有所不同。按照防腐剂选用原则，如果长期浸泡在淡水中，可以选择ACQ防腐木、铜唑/微化铜唑防腐木、CCA-C防腐木；如果是长期浸泡在海水中，则应选择CCA-C防腐木和ACQ-2防腐木。

58 ▶ 埋在土壤里和水泥里的防腐木使用寿命有区别吗？

防腐木埋在土壤和水泥中的寿命取决于多个因素，包括所使用的防腐剂类型、木材的树种和质量、埋藏的深度、土壤或水泥中的湿度和化学性质等。一般来说，经过规范的防腐处理和合理使用，防腐木在土壤中的寿命可以超过20年。然而，如果土壤中存在高含水量、高含酸量、微生物种群（如有耐铜微生物）或其他腐蚀性物质，可能会缩短防腐木寿命。相比之下，防腐木在水泥中的寿命通常更长，可以超过30年。埋入混凝土或砌体中的防腐木等同于接触土壤的使用条件，户内接触土壤应使用C4.1等级处理标准，户外应使用C4.2等级处理标准。

59 ▶ 为什么有些防腐木截断后会出现没有防腐剂渗透的情况？

防腐是通过将防腐剂经真空加压处理浸透到木材内部来延长其使用寿命的一种处理方法。防腐处理对药剂和处理工艺均有严格的要求，处理流程和工艺稍有不规范标准可能出现不合格的产品。防腐木截断后出现没有防腐剂渗透的情况有以下几个可能原因：

心材占比较大　如果木材截面有心材，由于心材渗透性差，出现无防腐剂渗透的情况是正常的。

透入度问题　防腐木按使用等级划分，边材透入度要求在85%～100%，因此对使用等级在C1～C4的防腐木，如果出现中间少部分未渗透药剂，也是符合标准要求的，但是如果边材透入度达不到标准要求的最小值，防腐木为不合格产品。

伪劣防腐木　除了以上2种情况外，防腐木截断后出现没有防腐剂渗透的情况是伪劣防腐木，仅是通过涂刷或简单浸泡处理，防腐剂仅在表面而根本未进入内部。

60　心材未渗透防腐剂的防腐木是否合格，影响使用寿命吗？

以前的标准对心材没有要求，只要是载药量和透入度达到规定都算合格的防腐木；2023年修订完成的GB/T 27651—2023《防腐木材的使用分类和要求》里，已经添加了对心材的要求，在C5等级应用的防腐木，心材应全部渗透；C4.1和C4.2等级应用的防腐木，心材应渗透5mm；对GB/T 33041—2016《中国陆地木材腐朽与白蚁危害等级区域划分》中Z2～Z4区域使用的防腐木，心材渗透要求分2种情况，表面外露心材占板材横截面的比例>20%，不耐久或稍耐久木材树种板材厚度≥40mm，要求至少达到5mm的渗透；树种板材厚度<40mm，要求达到至少3mm的渗透。所以心材未渗透防腐剂的木材，如果是用在C3.2等级以上环境，就可能不是合格的防腐木。

心材是树木在成长过程中，树心部分细胞逐渐老死后的组织结构，在树木生长当期已经丧失了水分、营养传输功能，其导管、管孔和纹孔已基本被各种蜡、树脂或沉淀的其他化学物质堵塞（图1-27、图1-28）。原木去皮锯解后根据锯解位置一般心、边材在锯材上都有分布，少数锯材全是心材或者全是边材（图1-29）。

图1-27　心边材示意　　　　图1-28　心边材细胞　　　　图1-29　锯材后心边材分布

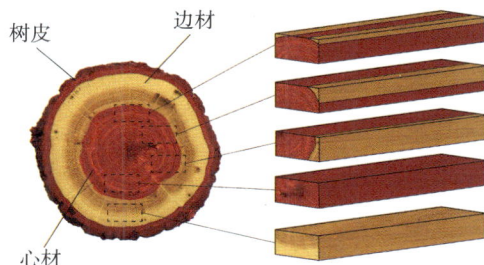

在近年的实际工程中，已发现很多材料从心材开始腐朽，造成微生物对材料的侵入点，从而出现防腐木腐朽的案例。因此对标准进行了修订，目前有心材未渗透防腐剂的防腐木是否合格可分以下两种情况：

合格防腐木　心材在防腐处理材内部，没有表面外露心材或外露心材占表面比例小于20%，此种情况的防腐木边材透入率和载药量达标，即合格防腐木。

不合格防腐木　表面外露心材面积占板材横截面的比例>20%，较大比例的心材未被适当的防腐剂渗透，那么该部分的木材就没有获得足够的保护，按照新的国家标准要求是不合格防腐木。

心材外露的表面仅有一层很浅的药剂保护层，长期使用依然会腐朽，其使用寿命与处理边材相比，会大大降低。不同木材心材具有不同的天然耐腐防虫性能，因此，其使用寿命的持久性取决于其他因素，如木材树种、质量、环境湿度、气候条件以及木材维护和保养的程度、木材使用环境、表面有无保护层等。强耐腐和耐蚁蛀的木材使用寿命稍长，天然耐腐等级不高和不耐蛀木材很快从心材开始腐朽及虫蛀。一般而言，由于缺乏深层的防腐保护，这类木材的使用寿命通常较短。但具体的使用寿命很难确定，因其受到多种因素影响。

对于表面外露心材面积占板材横截面的比例 >20% 的，可以通过采用激光或机械刻痕、表面辊压、微波预处理等方法，提高表面外露心材对防腐剂的透入度（图1-30、图1-31）。

图1-30　刻痕处理的防腐木施工中　　图1-31　C4.1等级环境下应用的刻痕处理防腐木

61 ▶ 防腐处理中什么情况下需要做刻痕？木材刻痕有哪些注意事项和要求？赤松的心材做刻痕处理会增加防腐效果吗？

在防腐处理中，刻痕通常是在木材表面凿刻出有规则的裂隙，以提高防腐剂在木材中的透入度和均匀性。以下两种情况可能需要进行刻痕处理：

渗透性差的木材边材　有些木材属于难浸注树种，特别是厚度较大时，透入一定深度有困难，为了确保防腐剂可以充分渗透到木材表面内部，可以进行纵向的刻痕处理，使防腐剂更容易渗透。

木材表面的外露心材　木材心材渗透性差，难以浸注药剂，需要对外露心材做一定深度和间距的刻痕，可以使防腐剂在心材具有一定量的负载，保证心材的耐腐防虫性能。

木材刻痕应在锯切材料的所有表面上具有相同的刻痕深度和密度。应注意的事项：

强度影响　刻痕会降低木材的强度，需要对非刻痕材料公布的设计值进行调整。研究表明，在某些产品的刻痕过程中会造成显著的强度损失。刻痕对强度的影响取决于被刻痕材料的尺寸和形状、刻痕材料的原始状态和特性以及刻痕工艺属性。在评估强度损

图1-32　C5等级环境中应用的刻痕处理防腐木

失时，刻痕模式、齿厚和形状、木纹方向、刻痕维护和碎屑清除等因素也是重要考虑因素。

应用影响　刻痕会降低被刻痕材料的利用率。经验表明，当刻痕过于密集、刻痕深度超过10mm或切割前木材含水率低于15%时，会造成木材过度的表面损伤。同样，在评估木材损伤时，刻痕模式、齿厚和形状、木纹方向、刻痕维护和碎屑去除等因素也是重要考虑因素。

赤松是我国常用的防腐木材树种，心材由于孔隙度较小、密度较高等构造特点，其对防腐液渗透性较差及防腐效果较差。如在防腐处理前对心材进行刻痕，可以创造更多的孔隙和渗透通道，促进防腐剂的渗透和吸收，有效增加防腐效果（图1-32）。

62 木材中的节疤能渗透防腐剂吗？节疤周围有防腐剂堆积现象的原因是什么？节疤会比防腐处理的木质部分先腐朽吗？

节疤是木材中的一种正常现象，通常是由于树木在自然生长过程中被包在木质部中的树枝部分而形成。活树枝与主干的组织相互连接，当树木生长时，其形成层将树干及树枝同样包围起来，这样形成的节子称为活节；一旦树枝枯死，其形成层立即停止活动，尽管树干部分仍继续生长，但树枝已不能再有新的增长，于是树干与树枝间的木材组织的联系被破坏而相互脱离，这样形成的节子称为死节。死节在板材干燥时往往会脱落，形成节孔。

节疤是木材中的一种硬化组织，一般比周围的木材密度更高，含树脂，因而对木材加工不利，对防腐剂的渗透性产生一定的负面影响，很难渗透防腐液，防腐加工后的节子周围往往积聚过量的防腐剂（图1-33）。分析原因有以下几点：

节疤特性　节疤的组织更致密，本身不容易吸收防腐剂。

防腐剂浓度过高　使用浓度过高的防腐剂可能导致在木材表面形成堆积，特别是在节疤处。过高的浓度可能使防腐剂在木材表面残留，而不容易渗透。

由于活节区域的密度大，它会提供额外的防护层，延缓木材的腐朽过程。一般来说，活节是木材中较为坚硬的区域，它可能比周围未处理的木材更耐腐朽。死节在防腐过程中若脱落，不影响防腐效果；但需要关注的是，如果在防腐后的应用过程中发生脱落，容易成为腐朽的起点。

图 1-33　防腐木中的节疤

63 ▶ 烘干防腐木和防腐木二次烘干材有什么区别，都是合格防腐木吗？

烘干防腐木和防腐木二次烘干材是国内产业界强调的两种防腐木生产的干燥工艺。

烘干防腐木　指使用干燥后的木材进行防腐处理的防腐木（干燥的木材的主要渠道是国外进口的低温干燥工艺的干燥木材，其含水率19%以下，少部分也有国内干燥的），此干燥工艺是确保防腐质量的前提，相对于湿材直接防腐是一种进步。

防腐木二次烘干材　指防腐前后均进行干燥，是确保防腐质量和减少防腐木安装变形开裂程度的处理工艺。

这两种生产工艺是合格防腐木生产的必要条件而非充分条件，生产出来的材料并不都意味着一定是合格防腐木，合格防腐木的标准还是从载药量、透入度、均匀度等质量指标来进行评价，其生产工艺的每一个环节都是质量控制的重要阶段。

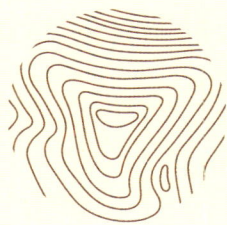

生产加工篇

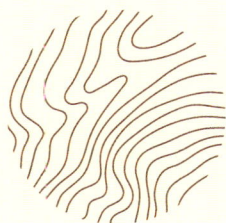
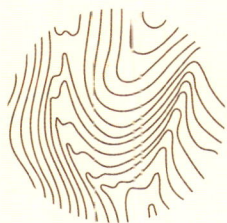

64 ▶ 防腐处理的原理是什么？

　　木材为有机生物材料，主要成分为纤维素、半纤维素及木质素等，容易受到菌虫等生物因子的侵染和蛀蚀而发生降解和败坏，如腐朽、虫蛀等。木材防腐原理是应用化学药剂处理木材，使药剂能够均匀、深入地分布在木材之中并保持一定的含量，使木材具备防止菌、虫、海生钻孔动物等生物对木材的侵害能力，从而延长木材的使用寿命。

65 ▶ 防腐木常压和加压处理方式有什么不同？

　　理论上防腐木有两种处理方式：常压处理方式和加压处理方式。常压处理方式包括涂覆、加热、油浸等。加压处理方式包括直接压力处理和真空–压力处理方式。非加压处理方式的工艺设备简单，渗透深度浅、载药量低，一般适合临时保管与修复处理。加压处

图2-1　防腐木加压处理

理过程中，防腐液处于密闭的系统内，不暴露于大气中，对工人及周围环境的影响较小，工艺设备复杂，载药量高、透入度高，适合加工长期使用的防腐木（图2-1）。防腐木不同处理方式优缺点比较见表2-1。

表2-1防腐木不同处理方式的比较

处理方式	过程	优点	缺点
常压处理	防腐剂通过刷涂、浸渍或喷涂等方式涂覆在木材表面	简单、经济，适用于不需要高度防腐性能的应用	防腐处理透入度相对较浅，一般难以达到防腐木的质量要求
直接压力处理	木材被放入一个密闭的压力处理槽中，然后通过加压将防腐剂推入木材内部	提供持久的防腐效果	在处理过程中可能会导致木材变形
真空–压力处理	在加压处理之前，木材先经过真空处理，以去除空气，然后注入防腐剂、加压、卸压、排药、后真空	药剂渗透效果较好，提供持久的防腐效果，后真空可减少木材表面的湿度	相对于常压处理，成本较高

66 ▶ 木材防腐的常压处理方法有哪些？

　　木材常压防腐处理法是通过涂刷、浸渍等方式将防腐剂涂覆在木材表面的方式，由于药剂载药量低、透入度浅，仅用于临时保管、现场补救处理等。其包括涂刷喷淋法、浸泡法、扩散法、热冷槽法、熏蒸法。每种处理方法原理和特点见表2-2。

表2-2　木材常压防腐处理方法

处理方法	原理	适用的防腐剂	处理对象	特点
浸泡法	将木材浸泡在防腐剂中，利用木材自身的毛细管扩散作用吸取防腐剂	常用防腐剂	单板、临时性保管、施工现场防腐木二次加工后的补救	简单易行，透入度浅
扩散法	根据分子扩散原理，利用木材中的水分作为防腐剂扩散的载体，防腐剂由高浓度向低浓度扩散，浸泡或喷涂高浓度	扩散性防腐剂（如硼类防腐剂）	湿材，木材含水率超过30%	防腐效果较好，需要借助水分，可扩散到深层
热冷槽法	利用热胀冷缩原理，使木材内气体热胀冷缩产生压力差，从而克服渗透阻力，使防腐剂进入木材	扩散性防腐剂	干材、细木工制品，小批量处理和维修施工现场处理	设备投资低，处理效果好，但处理效率低
熏蒸法	将低沸点熏蒸杀菌剂或杀虫剂与木材密闭在空间内，使防腐剂以气体形式渗透进入木材内部，消灭已经开始腐朽或虫蛀的问题	熏蒸防腐剂	已经受到腐朽、虫蛀的木材或建筑木构件	现场处理、应急处理措施

67　木材防腐的加压处理方法有哪些？真空加压浸渍防腐处理工艺如何？

工业用防腐木要求载药量高、透入度达标，所以防腐处理要求采用加压处理（图2-2）。木材防腐的加压处理方式有满细胞法（或全浸注法）、空细胞法（或吕宾法、定量法）、半空细胞法（或劳莱法、半定量浸注法）、振荡压力法（或真空 - 压力交变法）、颂压法（压力交替法）、脉冲法、双真空法、高压树液置换法（或Gewecke加压 - 吸收法）、改良空细胞法和多相压力法。满细胞法、空细胞法、半空细胞法三者的加压方法不同，满细胞法是先加负压再加压压入防腐剂，空细胞法是气压保持一段时间后再加压压入防腐剂，半空细胞法是直接加压压入防腐剂。三者适合的防腐剂类型不同。满细胞法适用于容易渗透的水载型防腐剂，空细胞法与半空细胞法适用于油类和有机溶剂型防腐剂。三者防腐剂吸收量不同。满细胞法木材吸收的防腐剂量最高，半空细胞法次之，空细胞法最低。随着

图2-2　防腐木加压处理车间

防腐剂向水载型防腐剂发展，国内目前大部分企业采用的是满细胞法，这种方法木材处理质量高，生产效率高，设备投资也不大。

木材防腐处理的满细胞法即真空加压浸渍防腐处理，其处理工艺主要包括前真空、注药、加压、保压、卸压、后真空、出罐、固化等流程，具体的工艺流程如图2-3所示。

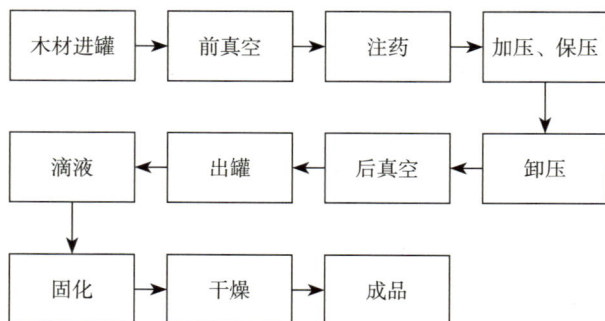

图2-3　木材防腐真空加压浸渍工艺流程

木材进罐　把已达干燥要求的木材装上小车，注意木材长度与小车、罐体长度的匹配。把装满木材的小车推进罐内，关好罐门（图2-4A）。

前真空　启动真空泵，将压力罐内抽至真空压力为-0.08～-0.07MPa，关闭阀门，保压15～60min，其目的是抽出木材内的空气（图2-4B）。

注药　靠压力罐内的真空将储药罐里的防腐剂吸送到压力罐内。在吸液的同时需观察压力罐上的液位计，当真空表接近零时，应关闭进气阀及真空泵（图2-4C）。

加压、保压　开始加压，当压力表读数达到1.4MPa左右时保压，时间为30min左右（视木材树种、含水率及吸药量而变化）（图2-4D）。

卸压　加压结束后，关闭加压泵，排出药液（图2-4E）。

后真空　启动真空泵，进行后真空处理，真空压力可控制在-0.08～-0.07MPa，保持20～30min，以排出木材表层多余的防腐剂（图2-4E）。

出罐　后真空处理完毕后，解除真空，排放余液（图2-4F）。

固化　将出罐的木材进行气干等干燥方式，使含铜防腐剂在木材中形成稳定的化学结合而完成固化过程（图2-5）。

成品　将干燥固化的防腐木进行包装入库、保存待用。

目前有的工厂已经实现自动化控制，所有的上述工艺流程可进行系统控制自动完成，不同的树种、规格和防腐等级可以通过参数进行设置和调整。

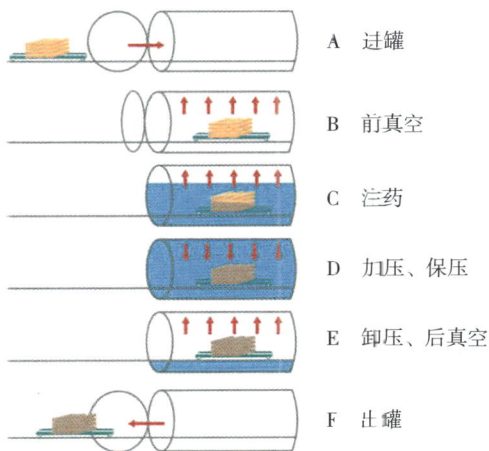

图 2-4　木材防腐加压处理

图 2-5　防腐后气干使防腐剂固化

68 ▶ 水载型防腐剂处理木材的生产工艺需要关注哪些重点环节？

水载型防腐木是指经过水载型防腐剂处理以提高其防腐性能的木材。水载型防腐剂处理通常涉及将木材浸渍在含有防腐剂的水溶液中，以确保防腐剂能够渗透到木材的纤维结构中，从而增加木材的耐久性。以下是水载型防腐木一般生产工艺中应关注的重点环节：

木材选择　首先须选择适合防腐处理的木材，通常是较为容易渗透的针叶材或其他易处理的木材，如马尾松、辐射松、南方松等松木。无明显缺陷或者不影响预期用途缺陷的木材才可进行防腐处理。

切割和干燥　将所选木材进行去皮、切割和干燥，以确保木材的稳定性和耐候性。干燥养生也有助于提高后续防腐处理效果。树皮会影响防腐剂的渗透。待处理的木材上不应留下宽度超过 12mm 的内皮。在可行的情况下，待处理材应按最终所需形制加工出来，以省去后续切割处理木材的必要。例如，预先钻孔以容纳紧固装置可确保对孔周围木材的保护。

表面处理　在防腐处理之前，需要对木材表面进行一些预处理，如修整、打磨、刨光等，难渗透树种需要在处理前进行刻痕，以确保防腐剂能够均匀地渗透到木材中。

防腐处理　将木材放入加压罐中，装料时木料应尽可能树种相同、形状及尺寸一致、含水率一致，并分开放置，以确保防腐剂与木材表面充分接触。防腐剂可以是金属硼酸盐、铜类化合物等。真空度、压力大小及加压时间等处理工艺通常根据木材的种类和尺寸以及防腐剂的类型确定。确保防腐剂能够充分渗透到木材内部，提高木材的防腐性能。

排液、固化、干燥 从加压罐中取出木材后，通过后真空将木材表面多余的防腐剂排出，确保木材表面干净。然后，需要通过干燥（以气干为主）等方式完成固化过程，使含铜防腐剂在木材中形成稳定的化学结合，提高防腐效果。

质量检测 进行防腐处理后，应对木材进行质量检测，确保防腐处理达到预期效果，符合相关的标准和规定。初始处理不符合载药量、渗透度或外观要求时，可对整个或部分木料进行再处理。

铭牌和标识 所有经过质量检验后的防腐木须按照标准规定进行标记。铭牌和标识内容必须包括树种、防腐剂、使用等级、生产日期和载药量，以及品牌信息、生产商详情、采购商协商提出的其他具体要求信息。

包装和出厂 完成防腐处理和质量检测后，对防腐木进行包装，以防止再次受到环境的影响，并确保其在运输和储存过程中保持防腐效果。

一般来说，需要根据树种、规格和产品用途等确定适宜的处理工艺。生产新产品或工艺的改变，需要通过处理工艺的小试确定，即保证防腐木的载药量和透入度及其均匀度。这些质量指标，国内外均有标准规定，各企业也有相应的技术规范。

窑干材的完整防腐处理工艺制备生产周期一般为30～40天甚至更长。

69 防腐处理的加压时间越长越好吗？延长加压时间能否增加防腐剂在心材的渗透？

防腐处理的加压时间越长并不一定越好，需要根据木材树种、尺寸、用途以及防腐剂的种类等因素来确定适当的加压时间。根据木材的防腐等级要求，木材达到规定的载药量或拒受点即可。

一般来说，加压时间的长短与防腐剂的渗透能力和木材的吸收能力有关。较硬、密度较大的木材可能需要更长的时间来确保防腐剂充分渗透到木材的内部，但由于木材本身的内部构造，其吸收防腐剂有临界点，达到此拒受点，即使延长加压时间也不再吸收药剂，反而浪费时间、增加防腐成本。此外，不同类型的防腐剂也有不同的渗透速率。时间过短达不到防腐效果，过长增加节疤处防腐剂沉积，增加防腐成本，因此在进行木材防腐处理时，最好根据具体情况随时进行调整加压时间。

加压处理可以通过将防腐剂以压力的方式推送到木材的较深层，以增加防腐剂的渗透深度。渗透深度的影响因素有很多，包括木材的种类、含水率、孔隙结构等。一般来说，适度的加压时间可以确保防腐剂更好地渗透到木材边材及其内部。然而，对于心材而言，其结构特点是管胞的纹孔闭塞，水分疏导系统阻塞，导管中形成侵填体，胞腔内会有树胶、碳酸钙、色素、单宁等沉积物而影响了防腐剂在心材中的渗透性，即便延长加压时间，防腐剂依然不易渗透心材部分，反而可能导致防腐剂在心材周围的沉积和浪费。

70 防腐设备压力越高代表防腐木生产力越先进吗？

木材真空加压设备是提供一定真空和压力环境，使防腐剂能够在规定时间内浸透木材。就目前国内外常用的防腐木材材种而言，其使用的工艺压力在1.4～1.8MPa比较合适，压力过低，将会影响防腐渗透效果，压力过大，就会压溃木材细胞壁，降低木材的各项物理机械性能，如果以设备压力高作为"炫耀"防腐木材生产设备先进的标志是违背客观科学的，并不代表就具备了更先进的防腐木生产力。

71 如何调配防腐剂工作液浓度？水温对稀释水载型防腐剂有何影响，水温多少最合适？

载药量是决定防腐木防腐性能最关键的因素。在合适的处理工艺下，防腐剂工作液浓度直接影响载药量合格与否。先根据所需处理药剂的浓度和原防腐剂的浓度，计算出应加入水的质量，做好记录。然后在搅拌罐中先加入一定量的水和标称质量的药剂，搅拌5～15min，放进储药罐中，再用水稀释至所计算出的刻度值。可以按照公式简单计算：水∶原液=（原液浓度－工作液浓度）∶工作液浓度。

例如，目前使用的药剂原液的浓度为40%，如要调配为2%的处理液，则应按（水∶原液=95∶5）的比例调配；如要调配为3%的处理液，则应按（水∶原液=92.5∶7.5）的比例调配，其他浓度也按此办法类推；若目前使用的药剂原液的浓度为60%，如要调配为2%的处理液，则应按水∶原液=29∶1的比例调配，如要调配为3%的处理液，则应按水∶原液=19∶1的比例调配；其他浓度也按此办法类推。

需要注意的是：在调整溶液浓度时，通过补充稀释溶液来调整浓度，而不是直接往高浓度的溶液里添加水。这样做可能导致溶液处于不稳定状态，甚至出现油包水的现象。正确的方法是将适量的稀释溶液补充至高浓度的溶液中，或将稀释溶液补充至低浓度的溶液中来调整浓度，以维持理想浓度状态。

除极端水温外，不同温度的水对稀释水载型防腐剂的影响较小。但具体的最佳水温还要考虑防腐剂的特性和木材的种类。在实际应用中，通常使用常温水即可。

72 防腐木生产过程中，防腐处理一段时间后，如何简单检查防腐剂工作液浓度是否仍合格？

对于同一配方的含铜防腐剂，按照一定梯度稀释处理后进行取样分析，建立工作液浓度与折射仪折光率或比重计刻度标准曲线，后期可以通过折射仪或比重计来简单估算工作液浓度；对于同一配方的含硼防腐剂，可建立工作液浓度与比重标准曲线，或采用滴定或等离子原子发射光谱法（ICP）的方法分析工作液浓度。从而可以初步判断工作液浓度合格与否。对于同一配方的有机防腐剂，可采用高效液相色谱等仪器分析的方法测定工作液浓度。

73 防腐剂在储液罐中长期不用是否会分层？各成分有无变化？

防腐剂的配方可以因制造商和具体产品而异，因此具体效果可能会有所不同。长期放置后成分有无变化，不同防腐剂情况不一样：水载型防腐剂（如ACQ、CA、CCA）基本无变化，使用前摇匀即可。

分层通常是由于防腐剂中的不同成分具有不同的密度或溶解性造成的。长时间不使用或搅拌会导致这些成分逐渐分离并沉积在液体底部或上层，形成分层现象。这可能会降低防腐剂的均匀性，导致防腐剂处理过程中进入木材的成分不一样而影响防腐效果。

为了避免这种情况，制造商通常建议在存放期间定期搅拌或搅动防腐剂，以确保成分的均匀分布。此外，一些木材防腐剂可能在包装上附有使用说明，包括存储和使用建议，一般建议是放置不要超过2年。

为了确保木材防腐剂的有效性，最好按照制造商的建议存储和使用，并在需要时进行搅拌或搅动，以保持其均匀性。

74 防腐剂工作液经过长时间防腐处理后成分有无变化，对防腐处理效果有影响吗？

防腐剂长期使用后有变化，可能会使工作液浓度降低，或者药剂各成分配比发生变化，如果期间发生破乳也可能会导致防腐剂处理过程中进入木材的成分不一样，两种情况都会导致防腐质量下降而影响防腐木处理效果。所以一般建议在处理$100m^3$后需要检测药剂的浓度和成分比例变化，工厂也需要建立防腐处理材出罐抽检监测制度。

75 如何根据压力罐估算不规则木材材积？

对于不规则木材，通过几何方法难以计算出材积的情况，可按照式（2-1）进行压力罐内处理的木材材积的估算：

$$V = V_1 - (V_3 - V_2) \tag{2-1}$$

式中　V——压力罐中的木材体积（m^3）；

　　　V_1——压力罐体积（m^3）；

V_2——排药前储药罐刻度体积（m^3）；

V_3——处理结束后储药罐刻度体积（m^3）。

76 如何在生产过程中初步估测木材载药量是否达到要求？

按照式（2-2）测定木材载药量是否达到要求：

$$G=\frac{(V_1-V_2)\times C}{V_3} \qquad (2-2)$$

式中　G——单位体积吸药量（kg/m^3）；

　　　V_1——处理前储药罐刻度读数（m^3）；

　　　V_2——处理后储药罐刻度读数（m^3）；

　　　V_3——处理的木材立方数（m^3）；

　　　C——处理液浓度（%）。

77 什么是防腐剂固化（固着）？

防腐剂在处理木材中与木材组分发生物理或化学反应，从而稳定存在于木材组织中，具备抗流失性的过程，是水载型防腐剂处理的关键参数，与载药量水平直接相关。据报道，药剂在木材中的载药量越高，固着所需的时间就越长。按照规范，出罐后的防腐处理材应放在特定的固着区，待药剂完全固着反应后再出厂，夏季一般7天左右，冬季2周左右。通过提高温度（即窑干或其他干燥）的方法可缩短固着时间，但也有研究认为实际固着过程与干燥木材去除水分没有直接关系。

CCA中六价铬化合物作为铜与砷的固着剂，与木材反应后会转化为毒性较低的三价铬盐，同时铜与木质素发生络合反应。ACQ及铜唑中的铜能够进入木材细胞的细胞腔和细胞壁中，并与细胞壁的木质素发生络合反应，从而提高了木材中铜的抗流失性能。

78 木材为什么出现油脂？为什么防腐处理前需要脱脂？

松脂是一种由松科植物分泌的树脂。它是通过植物的树干或树枝上的细小伤口释放出来的，起到保护和修复植物组织的作用，主要由树脂酸、萜烯类化合物和挥发性化合物组成。

防腐木常用的松木中，樟子松会产生相对多的松脂，尤其是夏季采伐的樟子松。松脂的存在会导致溢油现象，黏糊糊的，会污染衣物，夏季更明显，令消费者不满。防腐前进行脱脂处理非常必要。脱脂的作用如下：

改善木材质量　松脂可能对木材的物理性能产生影响。通过脱脂处理，可提高木材的质量和稳定性，减少变形、开裂的风险，在烈日下也不冒松油，有助于改善木材的外观，使其更美观。

增强防腐性能　脱脂可使松木防腐处理后的药剂分布更均匀，提高防腐效果。

改善木材加工性能　树脂的存在增加木材加工的难度，对刀具有一定的损耗，影响油漆涂饰效果。脱脂可以使木材更易于加工，提高加工效率和涂饰性能。

79 防腐木长时间使用后，其中的成分有否变化？

若防腐剂通过加压固化到木材中，防腐剂与木材纤维已产生化学结合而固定，在长期使用过程中基本无流失，其中的成分也基本没有变化。但不同类型的防腐剂和不同的使用条件可能导致不同的效果，如果防腐剂中的各成分的抗流失性有差异，其中有的成分更容易流失而带来成分变化。研究结果表明，ACQ防腐木中的成分DDAC/BAC易溶于水，长期使用过程中会有一定比例流失，而CA防腐剂的成分不溶于水，不容易流失。

80 防腐木处理后颜色为什么出现不均匀现象？如何保持颜色均匀度？

防腐木颜色均匀度受很多因素影响，如木材树种类别、木材心边材、防腐剂种类、处理方法、处理工艺等。防腐木颜色出现不均匀现象不会影响其防腐防虫性能。

木材种类　不同树种的木材在经过防腐处理后可能呈现不同的颜色。一些木材可能容易达到颜色均匀度，而另一些木材可能有更大的颜色差异。另外木材本身存在天然的颜色差异，这在防腐处理后可能更加显著。木材的年轮、纹理等特征也会对颜色产生影响。

木材心边材　木材同时存在心材和边材，两者因为防腐剂的渗透度和载药量不同会呈现不同深浅的颜色。

防腐剂种类　使用的防腐剂也可能影响颜色。一些防腐剂可能导致木材呈现更深或更浅的颜色。

处理方法　木材防腐处理方法有多种，包括压力处理、真空处理、浸渍处理等。不同的处理方法可能导致不同的颜色均匀度。压力处理通常能够更好地保持颜色的均匀性。

处理工艺　处理的时间和温度会对颜色产生影响。不同的处理时间和温度可能导致颜色不均匀。

为了确保防腐木的颜色均匀度，可以采取以下操作：

选择高质量的木材　开始时选择已经颜色相对均匀、纹理和年轮一致的木材，尽量选择边材等有助于获得更一致的颜色。

选择合适的防腐处理方法　了解不同的防腐处理方法及其对颜色的影响，选择适合项目需求的方法。

定期维护　定期对防腐木进行维护，可以延长其寿命并保持颜色的均匀性。

81　市场上防腐木胶合类型有哪些？

市场上的防腐木胶合类型有以下3种：

第一种是木材防腐处理后，经过烘干、选料、精刨、指接再胶合、成型。这样处理后可使整根木材都达到防腐要求。同时需要选用适合户外使用的Ⅰ类胶黏剂。

第二种是未经防腐处理的木材经过指接、胶合处理后再进行防腐，这种情况下，由于指接处的胶水固化后阻断了木材的管道，防腐剂不能通过指接口，只在木材两端没有指接的地方充分渗透，其余地方只在表层1~2mm深度内留有防腐剂，会严重影响防腐效果，且对胶黏剂有较高的要求，可应用在防腐等级要求不高的场景下。

第三种是多层烘干板材直拼而成，不进行指接，胶合处理后再进行防腐。这种情况，选用边材不会影响防腐效果；若选用不易渗透的心材会影响防腐效果，但影响程度会轻一些，应使用要求较高的户外Ⅰ类胶黏剂。同时使用过程中容易出现开裂、变形等情况，如果胶黏剂选择不合理，还会出现拼接处开胶的现象，影响使用安全。

82　防腐胶合木加工工艺一般有什么要求？

防腐胶合木工艺主要包括以下一些要求（图2-6）：

选择适当的木材　防腐木的选择应基于木材的种类、密度和用途。

防腐处理　为了确保防腐性能，防腐胶合木工艺应在胶合前首先对每一块原材料进

图 2-6　防腐胶合木

行防腐处理。

干燥处理　防腐木在胶合之前需要进行充分的干燥处理，以确保木材的稳定性和胶合后的质量。

抛光处理　在进行胶合前，通常需要对木材进行抛光处理，确保木材表面光滑且适合进行胶合。

胶黏剂的选择　选择合适的胶黏剂对于防腐木的胶合至关重要。使用的胶黏剂性能应满足防腐木在特定环境中的使用要求。

胶合工艺控制　控制胶合工艺中的温度、压力和时间等参数，以确保防腐木胶合的牢固性和稳定性。

涂层处理　防腐木胶合完成后，通常需要进行表面涂层处理，以增加木材的防水性和耐久性。

质量检测　防腐木胶合完成后，进行质量检测，确保产品符合相关标准和规范。

83　防腐木生产成本包括哪些？

防腐木的生产成本分为原材料、防腐剂、防腐处理和其他成本。影响原材料成本的主要因素是木材树种、规格、相应等级；影响防腐剂成本的主要因素是药剂种类及不同载药量（不同使用分类等级）；影响防腐处理及干燥成本的主要因素是相关设备与配套设施、生产规模、生产工艺；其他成本是劳动力成本、技术专利成本等，具体如下：

原材料成本　具体如下：

木材树种与品质　不同种类的木材有不同的价格。木材本身的品质、等级和特殊规格造成原材料成本的不同。

木材尺寸和形状　大尺寸和不规则形状的木材可能需要更多的加工工序，这可能会增加生产成本。

防腐剂成本　防腐处理的核心是使用防腐剂。防腐剂的成本会对整体处理成本产生影响，不同类型的防腐剂有不同的价格。达到的应用等级与防腐剂用量直接相关，较高使用分类等级的防腐木需要的载药量合理，防腐剂成本增加。

防腐处理成本　具体如下：

处理工艺　将防腐剂浸渍在木材中需要一定的工艺流程。这包括木材的准备、浸渍时间、浸渍压力等。这些工艺因素会影响处理成本。防腐木需要达到的应用等级影响到处理工艺，从而影响处理成本。

设备和设施　木材防腐处理通常需要特殊的设备和设施，这些设备和设施的购买、安装和维护都是成本的一部分。

其他成本　具体如下：

劳动力　木材防腐处理需要一定的劳动力，包括操作设备的工人、监督员以及原材料采购、运输、加工和制造等过程中的劳动力成本等。劳动力成本取决于地区的工资水平、工作效率等因素。

环境和法规合规　木材防腐处理可能涉及一些环境和法规合规问题。确保符合相关法规和环保要求可能需要投入额外的成本，如废水处理、废防腐剂处理等。

质量控制和检测　为确保防腐处理的有效性，需要进行质量控制和检测。这包括对防腐剂浓度、木材渗透情况等进行定期检测，这些检测也属于生产成本。

运输　木材进出工厂等的运输成本。

市场和地区　不同地区的市场条件和供求关系可能会影响防腐木的价格。

品牌溢价　一些品牌的防腐木可能因其品牌溢价而价格较高。

总的来说，木材防腐处理的成本会受到多种因素的影响，包括原材料、防腐剂类型、工艺流程、设备和设施、劳动力、合规要求等，也可能会因时间和市场因素而波动。在进行成本分析时，需要综合考虑这些因素，以制订经济合理的防腐处理策略。在购买防腐木时，建议与供应商沟通，了解具体的成本构成和可能的附加费用。如果不在意防腐质量，缺少监管和后期评价，尤其是市政工程和其他重点工程，就会带来低价竞争和不合格防腐木的出现，从而影响防腐木质量和效果呈现，为防腐木应用带来损失。

84 不同地区的防腐处理有哪些新工艺？

根据白蚁危害和腐朽危害风险等级分布，用于Z1、Z2区域的防腐木，防腐处理工艺以防腐朽为主；用于Z3、Z4区域的防腐木，防腐处理工艺应以防腐朽和防白蚁并重而行。常见的新工艺如下：

热处理　采用高温处理木材，将木材加热到高温，通常在200℃以上，使木材中的水分蒸发、杀灭木材中的真菌和昆虫并破坏真菌和昆虫的生长环境。这种热处理方法有助于提高木材的稳定性和抗腐蚀性能，而无需使用化学防腐剂，是一种环保的替代方法。

生物防治　有些国家和地区在木材防腐过程中使用有益微生物，这些微生物能够抑制真菌和昆虫的生长，从而延长木材的使用寿命。这种方法通常被认为更环保。

化学防腐剂创新　不同国家和地区在开发和使用化学防腐剂方面进行了创新，包括更环保的防腐剂，如使用铜、锌、硼等无机盐，以减少对环境的影响。

生物防腐剂的使用　使用天然的生物防腐剂，如某些植物提取物、植物油、菌类或微生物，来防止木材腐朽。这些生物防腐剂通常对环境影响较小。

纳米技术的使用　使用纳米颗粒或纳米复合材料来改善木材的抗真菌和抗昆虫性能。

这种方法可以减少对环境的不良影响，并提高木材的耐久性。

气相防腐处理 这是一种利用挥发性化合物来防止木材腐朽的方法。这些化合物会在木材表面形成一层保护性的薄膜，阻止真菌和昆虫的侵害。

辐射防腐处理 使用辐射（如电子束或紫外线辐射）来杀灭木材中的微生物，达到防腐的效果。这种方法无须化学物质，对环境友好。

多层保护涂层 应用多层环保涂层，可以阻隔水分和空气，防止木材受到湿气、紫外线和氧化的侵害。

复合材料防腐 一些创新工艺涉及将木材与其他材料结合，如聚合物、玻璃纤维等，以提高木材的防腐性能。

辅助技术创新 除了主要的防腐处理方法外，一些国家和地区还在木材生产和使用的其他方面进行创新，如改进木材的设计和结构，以降低真菌和昆虫的侵害风险。

85 防腐处理工艺未来的发展方向是什么？

环保型技术 未来的趋势是朝着更环保的方向发展，减少对环境的负面影响。开发无毒、无害、可再生的防腐处理剂是一个重要的方向。水载型防腐剂和基于植物提取物的防腐技术可能会得到更多关注。

纳米技术 利用纳米技术可以改变木材的表面性质，增强其抗菌、抗虫能力。纳米颗粒可以提高防腐剂的渗透性和附着性，使其更有效地渗透到木材结构中。

生物技术 利用基因工程和生物技术手段，开发具有天然抗性的木材品种。这些木材不仅可以抵抗真菌和昆虫的侵害，而且还可以减少对化学防腐剂的需求。

防腐木回收技术 将达到耐用年限后的防腐木进行回收处理和再利用，从而减轻环境压力，提高废弃物再利用的经济价值。

智能监测技术 引入智能监测技术，通过传感器监测木材的湿度、温度和其他环境参数，及时发现木材可能受到侵害的迹象。这有助于提前预防和采取措施，延长木材的使用年限（图2-7）。

复合材料和改性木材 利用现代材料科学，开发木材复合材料或改性木材，使其具有更高的耐久性和抗腐蚀性能。这可能涉及与其他材料的结合，如纤维增强复合材料。

数字化设计和制造 利用数字化技

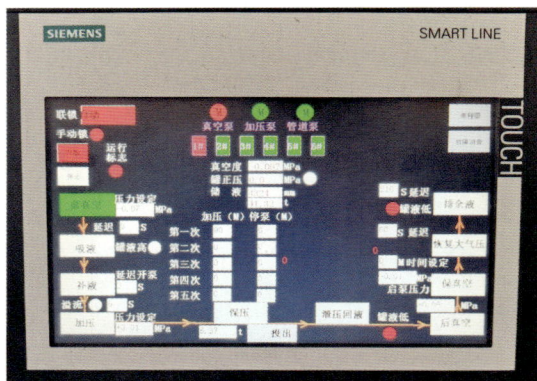

图2-7 智能监测系统界面

术，通过计算机辅助设计（CAD）和计算机辅助制造（CAM）等工具，精确设计和制造防腐木材构件，提高生产效率和产品质量。

　　未来木材防腐处理的发展方向将更加注重可持续性、绿色性、智能性、融合性，以适应社会对环保和高性能材料的不断增长的需求。

二 控制 防腐木的质量

86 防腐木生产建厂有哪些规范？

　　防腐木生产经营的大事就是安全和环保。既指所有相关人员的安全，也有环境的安全和环保。环境的安全和环保既是生产正常持续开展的保证，也是社会责任。防腐木生产建厂需要从以下几个角度考虑：

　　选址　建厂选择远离河道（大于100m）和供水池（大于800m），选择较平坦的地方（坡面倾斜度小于1:10），地面较硬，土层整个纵断面的土壤应含有至少15%的黏土，以便减少液体渗漏到地底下。选择地下水位较低的地方。工厂的最低点应高于地下水位最高季节的水位，并留有充分余地，防止发生因工厂的操作而引起污染水层的情况。

　　规划　首要考虑的是防腐剂的安全管理和人员的安全生产。考虑雨水的排放，不致对防腐剂和防腐木造成影响；车间规划要分区，设滴水区和集液池，叉车要分区使用；设立防腐处理液和废水收集装置，进行循环利用；处理车间和其他区域设挡水墙；防腐剂应存放在独立的储存区；处理车间需有足够大的收集坑；压力罐、储存罐和搅拌罐均应安放在大容量的有集液池和挡水墙的钢筋混凝土的地坑里，以免设备万一泄漏时处理液不外泄。生产区与生活区、行政区严格分开。设置防腐处理材的专门堆积场和晒木场。

　　废弃物管理　生产企业生产中产生的废水应全部回收，循环利用；应设立防腐废渣收集装置，并采取安全可靠的处理措施，按规定集中收集处理；对防腐木材进行机械加工，应按环保要求设立除尘装置，对加工粉尘集中收集，按规定处理；废弃的防腐剂相关物品，如防腐剂包装物应返还生产商循环利用，不应用于其他用途，若清洗应用合适的溶剂，不应残留原液，清洗液应回收利用；化学淤泥等需要专人专门处置，获得相关政府部门批准，符合废弃要求；含防腐剂的锯屑、刨花废弃物需按照政府相关机构要求统一掩埋处置；污水不能直接排放，应积存在积液池经过滤或其他无害化处理。

87 控制防腐质量的要素有哪些？

　　影响防腐剂载药量、透入度的因素很多，只有严格按照规范的生产工艺才能生产出合格的防腐木，生产过程中的每一个环节都必须规范，尤其要注意的环节如下：

木材选材　选择合适的木材材种，控制木材含水率在25%以下，采取适当的措施增加木材可处理性，注意心边材的比例。

防腐工作液浓度稳定　处理过程中保证工作液浓度稳定性至关重要，在处理过程中工作液浓度的检测和监测，是不可或缺的环节。

防腐工艺　在防腐处理工艺流程中，需要关注处理时的表压力、实际压力、保压时间以及前后抽真空时间。

固化　木材的固化过程对含铜防腐剂固着至关重要，防腐剂中金属离子与木材充分反应形成稳定的化学键，防腐木在使用时可减少有效成分流失。

88 ▶ 防腐处理前为什么需要控制木材含水率？

木材渗透性由木材性质决定，对同一木材树种，影响防腐剂透入度最大的因素是处理前木材含水率，直接影响防腐处理质量。

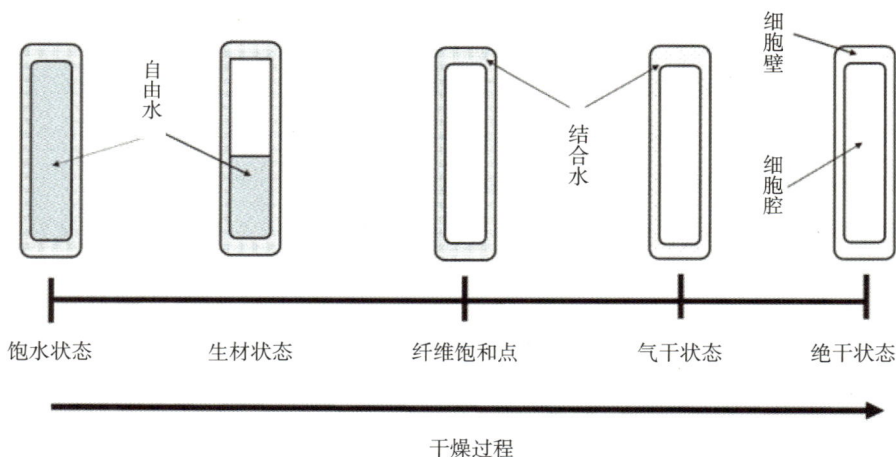

图2-8　木材干燥过程中水的状态

图2-8显示了木材干燥过程中的水分变化情况。木材以自由水和结合水形式存在于木材中，当自由水全部蒸发，结合水处于饱和状态时为纤维饱和点，通常以30%为均值；当气干状态下，结合水低于20%，此时才能"腾出"空间让防腐剂浸注，确保防腐处理后在木材防腐剂能够达到一定的透入度，达到载药量处理标准并确保防腐木材的质量及使用寿命。所以防腐处理前的干燥木材以降低木材含水率是重要的环节。

除使用硼类防腐剂处理室内使用的木材外，木材防腐处理前的含水率一般需要控制在25%以下，这样需要木材处理前进行干燥，包括窑干或自然干燥后再窑干。一般情况下，至少需将木材烘干至含水率低于25%才能进行防腐处理，对于湿材来说，木材细胞被水"占据"空间，防腐剂很难渗透，达不到质量要求的透入度和载药量。国内有些企业为降低成本，防腐前木材的含水率较高，有的甚至达到100%，处理后，防腐剂只在木材表面，边材透入度甚至不到10%，这样的"防腐木"当然只能是"伪劣"和不合格的防腐木，也根本达不到防腐防虫的目的。

89 ▶ 什么是木材防腐可处理性，如何分级？

木材防腐可处理性可衡量木材被防腐剂浸渍处理渗透的程度，与木材的液体渗透性相关。防腐剂通过木材中的输导组织，从导管、管胞或薄壁细胞渗透进入木材中，通过真空加压的方式，可以加快其进入的速率。木材防腐可处理性有以下特点：

变异性大　由于木材是非均质多孔材料，其可处理性是一个高度可变的特性。

纵向渗透　一般防腐剂进入木材是通过纵向（顺纹理）方向进入和渗透，横向渗透效果差。

与木材密度无关　一般木材的心材比边材难于处理，但可处理性难易程度与硬度或密度没有直接关系。

欧洲标准NS-EN 350:2016《木材和木制品的耐久性　木材和木制品对生物制剂的耐久性的测试和分级》（*Durability of wood and wood-based products-testing and classification of the durability to biological agents of wood and wood-based materials*）中根据木材的难易程度，将可处理性分为4级（表2-3）。

表2-3　木材的可处理性分级

分级		分级标准
Ⅰ	易处理级	通过压力处理锯材很容易被完全渗透
Ⅱ	中度易处理级	经过2~3h压力处理，针叶材横向渗透深度可超过6mm，阔叶材的大部分导管可被渗透
Ⅲ	难处理级	经过3~4h压力处理可能横向渗透深度也不超过3~6mm
Ⅳ	极难处理级	持续3~4h压力处理也很难达到载药量标准；横向和纵向渗透度都很低

90 ▶ 木材防腐后为什么需要进行二次烘干？

二次烘干是指水载型防腐剂加压处理后的木材干燥过程，相对于防腐处理前的木材干燥而言，称为二次烘干。对木材进行防腐处理后，进行二次烘干有以下几点好处：

固化防腐剂　二次烘干过程是含金属防腐剂在木材内部与木材组织结合反应固着的过程，增强防腐剂的抗流失性能。

降低含水率　防腐处理通常涉及使用防腐剂浸渍木材，这可能导致木材吸收一定量的水分。通过二次烘干，可以降低木材的含水率，提高木材的干燥程度，使其更加稳定。低含水率的木材有助于防止腐朽菌、霉菌和真菌的生长，从而延长木材的使用寿命。

提高稳定性　木材在含水率变化时易出现收缩和膨胀，这可能导致木材变形、开裂或扭曲。通过二次烘干，能最大限度地减小变形系数，提高木材的尺寸稳定性，使其更适合用于对稳定性要求高的地方，如建筑结构或家具制造。

改善木材的机械性能　二次烘干有助于提高木材的硬度和强度，使其更耐久，能够承受更大的荷载和应力。这对于需要高强度木材的应用非常重要，如建筑结构和地板材料。

减轻木材重量　木材中的水分是其总重量的一部分。通过二次烘干，可以去除多余的水分，减轻木材重量，这对于一些需要轻质材料的应用来说是有益的，如船舶制造和航空业。

二次烘干有助于改善木材的物理和机械性能，提高其稳定性和耐久性，从而增加其在各种应用中的可能性，同时也有利于涂刷木油和油漆。

91 防腐木晾晒或二次烘干时如何消除板面上的隔条印？

防腐木晾晒或二次烘干时往往会出现隔条印。隔条印一般会随时间发生变化，伴随木材的逐渐氧化而减轻，且不会影响防腐性能。但为了美观，可采取以下方法避免、减轻或消除板面上的隔条印：

更换隔条　如果可能的话，考虑更换使用的隔条。使用宽度均匀、表面平整的隔条可以减少印痕的产生。或可以使用颜色相近的隔条以减轻隔条印痕迹。

调整晾晒方式　防腐木在晾晒或二次烘干的过程中，调整木材的堆放方式，确保木材表面与隔条接触均匀。可以尝试改变木材的翻动方向，以减少隔条印的形成。

翻板或砂光　防腐木在晾晒或烘干完成后，可以尝试翻动木材，将留有印痕的一面朝下，以促使木材表面恢复平整。如果印痕较为顽固，可以使用砂光纸轻轻砂光木材表面，但要注意不要过度，以免破坏木材的表面。

水磨或水洗　用清水或木材表面处理剂轻轻冲洗木材表面，有时可以帮助减轻或消除一些印痕。

木油和油漆处理　后期还可以通过木油、油漆等手段来覆盖隔条印的痕迹。

"人"字架晾晒　防腐木如果加工量较少时，可以采用"人"字架晾晒，表面充分氧化后再进行晾晒或二次烘干，可减轻隔条印的产生（图2-9）。

延长固化时间　防腐木加工量比较多时，可延长固化时间，让木材表面充分氧化后再进行晾晒或二次烘干，减轻隔条印的产生。

在尝试以上方法之前，建议在不显眼的地方进行测试，以确保处理方法不会对木材表面造成不可逆的损害。此外，具体的处理方法可能会因木材树种和处理方式的不同而有所差异，因此在实际操作中应谨慎选择合适的方法。

图2-9　防腐木"人"字架晾晒

92 合格防腐木与伪劣防腐木在生产环节上有何不同？

合格防腐木在生产的各个环节都与伪劣防腐木有区别，形成的质量也就有很大不同，详见表2-4。

表2-4　合格防腐木与不合格防腐木在生产环节上的区别

生产环节	合格防腐木	不合格防腐木
前烘干	前期窑干或气干，木材含水率控制在25%以下	没有前烘干，湿材直接加工
尺寸	足尺	亏尺
防腐剂质量	符合国家标准GB/T 27653—2023《木材防腐剂》的防腐剂	不符合国家标准要求的防腐剂，甚至使用仿防腐剂颜色的染料
防腐剂工作液浓度	严格按照标准配制工作液，分批次监测工作液浓度	低于标准工作液浓度，没有有效监测
防腐设备	满足生产工艺参数要求的、规范、合格的成套设备	设备不规范、不合格

（续）

生产环节	合格防腐木	不合格防腐木
对设备和设施定期清理和维护	有	无
防腐工艺	严格执行防腐工艺	涂刷，常压浸泡或防腐工艺不规范
固化	严格执行常温或中温固化	未进行固化或固化时间不够
处理质量	边材渗透率90%以上；载药量达标	防腐剂渗透率低、锯开后只有边材一圈渗透防腐剂，药剂渗透不到中间位置；载药量不达标

93 如何实现防腐木生产过程控制？

以下是一些常见的方法，可以帮助实现防腐木生产过程的控制：

含水率监测　防腐木生产过程中，木材含水率的控制是关键。在关键加工节点检测木材含水率。

防腐剂浓度监测　定期监测防腐剂原液浓度和工作液浓度，是确保防腐效果的重要步骤。使用化学传感器或其他相关仪器，定期检测防腐剂在生产过程中的浓度，以确保其在要求范围内。

生产工艺控制　实施先进的自动化控制系统，以监测和调整生产过程的关键参数。其包括温度、湿度、防腐剂浓度等，最重要的还有加压压力和加压时间、吸液量的量化控制。自动化系统可以根据预设的标准进行调整，提高生产效率并确保产品质量的一致性。

实时数据监控系统　部署实时数据监控系统，以收集和分析生产过程中的数据。这有助于及时发现任何潜在问题并采取纠正措施，确保产品符合质量标准。

质量检测和抽样检验　在生产过程中进行定期的质量检测和随机抽样检验，以确保防腐木的质量。包括对木材外观、尺寸、防腐剂渗透等方面的检测。

员工培训　对生产人员进行防腐木生产的培训，使其了解监测的重要性，以及如何识别和解决潜在的问题。

生产记录留存　每个加工或处理批次必须有相应的生产记录并永久保存。生产记录需要包括购买来源信息、标识号、防腐处理日期、材料描述和体积、处理液浓度、满足透入率要求的加工工艺以及根据相关规范测定得出的载药量等。

以上这些方法的综合应用可以帮助实现对防腐木生产过程的全面监测，在确保产品质量和生产效率的同时，减少可能出现的质量问题。

94 防腐木生产过程需要进行哪些自我检验？

生产企业通常需要专门设置检验员，对整个过程进行跟踪检验，通过检验和验证来确定木材产品、防腐剂和处理是否符合规范。检验员还应确定生产方法、设施或生产过程是否符合相关的标准或买方规定的其他标准。检验员对生产过程的检验分处理前、处理过程和处理后检验，具体为：

处理前检验　主要检验木材质量，对木材规格尺寸、外观、加工细节、含水率等进行检验。

处理过程检验　主要是检查确定防腐剂是否符合所用防腐剂体系的要求。对防腐工作液进行分析的最低频率：不定期处理时，每次需要检验；一系列连续处理时，第一罐工作液需要检验；在同一工作罐连续处理时，每5个处理批次中至少随机检验一次工作液。防腐工作液样品应直接从处理罐中取出。

处理后检验　木材处理后，检验员应首先检查批次的清洁度、样品机械损坏、处理损伤（如严重裂纹、开裂或蜂窝状等），以及因气泡、漂浮物或防腐剂渗透不足导致的未处理到的区域。随机抽样进行钻孔取样分析载药量是否达标。

95 防腐木生产过程中随机检验时钻孔取样有什么注意事项？

防腐处理后对处理材需要随机抽样检验进行钻孔取样分析、检验其透入度及载药量是否达标。钻孔取样时应注意以下事项：

（1）尽可能代表不同尺寸、干燥和部件位置的相同比例。

（2）在锯材中，当一个批次中存在较大的尺寸变化，特别是厚度变化时，应尽可能将样品分成相关尺寸的批次，并作为单独的批次取样。在许多锯材中经常发现纹理和密度的差异。

（3）抽样应以随机为基础，以便在一个批次中可供抽样的所有情形都有同等的机会被包括在样本中。

（4）离端头30cm以上的位置取样，在选择钻孔的确切位置时，应避免出现节子、节子周围、树脂、裂纹、劈裂、不规则斜坡或纹理和应力木(压缩或拉伸)。

（5）对于刻痕材料，钻孔应在相邻切口间对角线的中点进行。当目测检验发现锯材的所有面上切口的深度和密度不均匀时，应从切口密度较小或较浅的一面钻孔。

（6）如果钻芯引起内部探伤，或者钻芯被压碎、破碎或用处理液涂抹而无法确定其穿透深度时，则应丢弃钻芯。

（7）对于既需要最低心材穿透率又需要边材百分比的锯材，应从心材面和边材面钻孔，钻孔比例应与批次中规定的心材和边材面相近似。对于需要最小边材(以mm为单位或边材的百分比为单位)的材料，不要求渗透到心材中。对于圆材(杆、桩、柱)，钻孔应朝向工件的中心。

（8）在锯材中，钻孔应在垂直于被取样面的方向进行。

96 如何控制防腐木生产过程中的检测数据偏差？

在防腐木生产过程中，为了控制生产过程的检测数据偏差，以下几点可以考虑：核查检测方法和设备的准确性和稳定性，确保使用的方法和设备符合相关的标准和规范要求。培训和提高检测人员的技术水平和经验，以确保他们能够正确操作和使用检测设备，并能正确判断和处理检测结果。标准化样品的准备和处理过程，确保各个试样之间的差异最小化，以减少检测结果的偏差。定期进行质量控制设备校准，检验检测实验室的准确性和稳定性，确保其在检测过程中能够产生可靠的结果。

消费指导篇

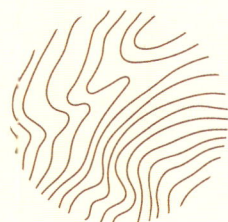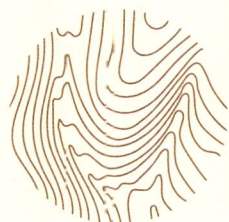

一

防腐木的选择

97 正确选择防腐木要关注哪些要点？

消费者或施工方在选择防腐木前应了解防腐木的处理标准、等级，明白自己的需求，选择可靠的供应商，现场观察木材外观，可通过观察防腐木截断面的渗透度来判断边材渗透度指标等，关注要点归纳如下：

防腐木的应用需求 了解木材的应用需求，实际使用地点和环境，如户外家具、地板、栏杆等。不同的用途可能需要不同等级和类型的防腐处理。如不接触地面时选用C3等级，接触地面的龙骨选用C4a等级，浸泡在淡水中选用C4b等级，浸泡在海水中选用C5等级。

防腐等级 不同的防腐木产品有不同的防腐等级，通常用C1～C5的标识表示。等级越高，防腐效果越好。在购买时查看产品的防腐等级，选择符合需求的等级。国家标准GB 27651—2023《防腐木材的使用分类与要求》规定了一些防腐等级，应用于不同的场景，包括从地下接触到水下应用。

环境友好性 一些防腐木使用的防腐剂可能对环境造成影响。应该根据各地的环保要求或者是所有用在与人、畜接触的环境，选择采用相对环保的防腐处理方法，或者选择其他环保的木材替代。常见的防腐剂有ACQ、CA、CCA、有机防腐剂等，由于CCA含有害重金属铬和砷，通常认为有机防腐剂、CA和ACQ比CCA更环保。

木材种类 经过防腐处理的针叶材较多，如马尾松、辐射松、南方松、樟子松、赤松等，在目前国内普遍未有刻痕工艺条件下，马尾松、辐射松、南方松为较合适的防腐处理树种。不同种类的木材只要是防腐质量符合标准，都能起到延长使用寿命的作用；防腐等级和材质等级相同的防腐木，不同材种价格上的差异更多是因为原材料的价格差异造成的。

木材标识 注意观察木材外观，按照有关标准要求，防腐木的表面应有标识，有的厂商在端头添加了染色剂或标识，用于指示木材已经过防腐处理，有的厂商添加了二维码，可以获取详细信息。了解木材是否符合国际或国家相关的防腐处理标准。防腐木通常是通过压力处理或浸渍处理来提高其抗腐蚀性能。需规定防腐处理的方法，包括使用何种化学品或工艺，确保木材经过了有效的防腐处理，具有足够的抗腐性能。

木材的质量 检查木材的质量，包括木材的密度、湿度、裂缝、节疤、变形等方面的要求。选择外观和质量都符合要求的防腐木。

含水率 木材的含水率影响着其稳定性和耐久性。选择含水率适中的防腐木，避免过于潮湿或过于干燥的木材，以防止在使用过程中发生变形或开裂。

尺寸和形状要求　规定防腐木的尺寸和形状要求，以确保其能够满足特定的建筑或工程需求。符合最小尺寸要求。

木材加工细节　检查加工细节（如刨光精度、尺寸公差等），以确保工艺良好，并符合整个批次的适用规范或图纸。定制类的防腐木，应检查钻孔、槽口是否符合设计要求。

供应商信誉　选择有信誉度的优质品牌企业，且方便维权。信誉良好的供应商，通常会提供有关木材来源、防腐处理方法、质量标准符合度和产品性能的详细信息。可以查看用户的评价和反馈，并通过网络查询相关信息，如企业成立时间、生产场地、生产规模、注册资本、研发能力、工程案例、获奖情况、检测报告、质量控制措施、产品介绍等。

98 如何选择防腐木和天然耐腐木材？

以下是一些常见的防腐木和天然耐腐木材选择的建议和说明：

防腐木　更适用于湿润气候和室外环境，尤其是Z2～Z4区域和C3.2等级及以上的应用环境。

天然耐腐木材　更适用于室内环境，和C3.1等级及以下的应用环境，不建议应用于木材高生物危害风险区域。木材天然耐腐特性指心材，所以对心材比例不大的木材，实际应用中不能起到基本防腐作用。市场上常见的天然耐腐木材简介如下：

波罗格·*Intsia bijuga*，也称印茄木，一般产自东南亚、巴布亚新几内亚，密度730～830kg/m³。目前国内作为一种天然耐腐木材使用，边材较小，心材占比较大；但仅中等耐蚁蛀，不适用于白蚁危害高风险环境。心材极难处理(可处理性等级为4级)，即使加压处理3～4h，防腐剂也很少渗透。

柳桉木　柳桉木是一大类木材，边材较小，心材占比大，部分种类是天然耐腐木材，如红桉（或称边缘桉，*Eucalyptus marginata*）天然强耐腐，异色桉（*Eucalyptus diversicolor*）天然耐腐，密度790～900 kg/m³，原产澳大利亚。用于室外家具、地板等，仅中等耐蚁蛀，不适用于白蚁危害高风险环境，心材极难处理（可处理性等级为4级），即使加压处理3～4h，防腐剂也很少渗透。有些种类也并不耐腐，如原产欧洲的蓝桉（*Eucalyptus globulus*），也很难防腐处理，谨慎用于户外环境。

柚木　*Tectona grandis*，一种天然强耐腐木材，适用于湿润和热带气候的船舶建造和户外家具。中等耐蚁蛀，不适用于白蚁危害高风险环境。密度650～750 kg/m³，心边材很难防腐处理，心材极难处理（可处理性等级为4级），边材防腐可处理性等级为3级。

巴劳木　*Shorea* spp.，一般包括平滑婆罗双、黑脉婆罗双、粉绿婆罗双，原产地东南亚，密度700～1150 kg/m³。其天然耐腐性为Ⅱ级耐腐等级和耐蚁蛀级，心材极难处理

（可处理性等级为4级）。需注意，其他东南亚婆罗双树种并非巴劳木，天然耐腐性和耐蚁蛀性不同，应特别区分。

塔利（格木） *Erythrophleum fordii*，又称铁木、赤叶木，产自我国广西、广东、福建、台湾、浙江等地。心材比例大，呈红褐色或暗红褐色，边材黄褐色。其质地坚硬，密度800~900kg/m³，耐腐、抗虫和抗海生钻孔动物，常用于房屋建筑，如隔栅、柱、地板等。

在选择防腐木时，除了考虑环境条件外，还要考虑木材的质量、防腐处理方法和定期维护的重要性。无论选择哪种木材，都应根据具体的使用场景和环境条件谨慎选择，并采取适当的保养措施，以延长防腐木材的使用寿命。

99 如何确定防腐木使用分类等级？

合格的防腐木在出厂时应附有应用等级的标签。购买者根据设计的用途来进行选择，首先分清是用于室内还是室外，室外又分与地接触与否，除了药剂的不同，如果低处理等级的木材用在了高风险等级，则不能起到预期的保护年限。因此，应根据实际应用环境进行选择，表3-1给出了防腐木产品和应用环境对应的等级。

表3-1 防腐木及对应的使用分类等级

产品及最终用途	暴露条件	分类等级
交叉横臂		
关键部件或难以更换部位	地上–室外	C4.1
一般用途	地上–室外	C3.2
枕木和道岔		
一般用途	与地或淡水接触	C4.1
重度或高度腐朽	与地或淡水接触	C4.2
胶合木（梁）		
地上–室内	有保护–仅蛀虫	C1
地上–室内	有保护–潮湿	C2
地上–结构用（涂漆或未涂漆）	地上–室外	C3.2
普通结构或公路结构	与地或淡水接触–低度腐朽	C4.1
公路–关键结构	地上–室外	C4.1
公路–关键结构或盐水飞溅	与地或淡水接触–高度腐朽	C4.2
建筑施工用原木和锯材		
水产业	淡水	C4.2
盐水储存或公路建设材料	与地或淡水接触	C4.1
建筑施工	地上–室内、仅蛀虫	C1

（续）

产品及最终用途	暴露条件	分类等级
建筑施工	地上–室内–受潮木材	C2
冷却塔	与淡水接触	C4.1
叠墙、挡土墙、重要结构，或温室	与地或淡水接触	C4.2
消防通道–外露或潮湿工业加工区	地上–室外	C4.1
粮食收获、运输、储存	地上–室外	C3.2
公路结构	地上–室外	C3.2
公路结构（关键部件）	地上–室外	C4.1
公路结构或住宅和商业结构	与地或淡水接触	C4.2
非住宅用有涂层或上漆	地上–室外	C3.1
非住宅–挡土墙、与地接触或淡水边、农业、海水养殖、船、堆肥、种植、蘑菇盒，或水槽	与地或淡水接触	C4.1
非住宅–无涂层(包括农业和农场)	地上–室外	C3.2
永久性木基	地上或与地接触	C4.2
屋顶板，地板或底层地板	地上–室外	C3.2
住宅和商业结构支撑	与地或淡水接触	C4.2
船舶用原木和锯材		
海洋–水面和与地上	盐水飞溅显著	C4.1
海洋–水面和与地上（关键）	盐水飞溅显著	C4.2
海洋、海产养殖、公路或船只	微咸水或盐水	C5
桩–圆柱形		
公路建设	与地或淡水接触	C4.2
海洋或公路建设	微咸水或盐水	C5
基柱–建筑或公路建设（完全埋在土壤中）	地上	C4.2
桩–锯制		
住宅和建筑结构支撑	与地或淡水接触	C4.2
胶合板		
所有（包括农业或农场）	地上–室外	C3.2
建筑结构或底层地板	地上–室内–潮湿	C2
防火梯–外露	地上或与地接触	C4.1
粮食收获、储存或接触	地上–室外	C3.2
一般用途（包括饰边、农业、海产养殖、船只、家具、凉亭、堆肥、种植、蘑菇盒，或水槽）	与地或淡水接触	C4.1
海洋和公路建设或造船	微咸水或盐水	C5
永久性木基	与地接触	C4.2
道路储盐或公路建设	与地或淡水接触	C4.1
屋顶板、地板或底层地板	地上但关键用途	C4.1

（续）

产品及最终用途	暴露条件	分类等级
潮湿工业加工区	与地或淡水接触	C4.1
杆－圆状		
农业	与地或淡水接触－低度腐朽	C4.1
农业、公路建设、建筑结构或照明	与地或淡水接触－高度腐朽	C4.2
杆－公共设施		
配电，输电，层压	与地或淡水接触－低度腐朽	C4.1
配电，输电，层压	与地或淡水接触－高度腐朽	C4.2
杆－方形		
农业或农场	与地或淡水接触	C4.2
结构建筑	与地或淡水接触－中度腐朽	C4.2
建筑施工或公路施工（护栏柱）	与地或淡水接触－中度腐朽	C4.2
一般用途、农场、围栏或公路建设（包括路标、标志）	与地或淡水接触	C4.1
道路储盐	与地或淡水接触－中度腐朽	C4.2
柱－方形		
一般用途－围栏，甲板支撑、公路建设或运动场设备	与地或淡水接触	C4.1
公路建设	地上－室外	C4.1
重要的建筑结构、农业或间隔块	与地或淡水接触－高度腐朽	C4.2

100 ▶ 防腐木的应用范围和禁止使用范围是什么？

防腐木可应用于建筑内部及装饰、家具、地下室、卫生间、室外家具、（建筑）外门窗、（平台、步道、栈道的）甲板、围栏支柱、支架、木屋基础、冷却水塔、电线杆、矿柱（坑木）、码头护木、桩木、木质船舶等。

防腐木本身没有禁止使用范围，经处理符合特定危险等级的防腐木可广泛应用。但针对不同的处理药剂有相应的限制范围，例如，CCA 由于对环境和人有潜在危害，从而禁止在室内或室外与人接触的环境使用；无机硼类防腐剂由于极易流失因而禁止在室外使用等。

101 ▶ 为什么防腐木呈现不同颜色？

防腐木呈现不同颜色，是木材本身特性、防腐处理方法以及自然环境等多种因素综合影响造成的结果(图3-1)。

防腐处理方法 不同的防腐处理方法包括使用防腐剂的类型、不同的载药量等。使用不同颜色的防腐剂会使防腐木成品偏绿或偏黄，载药量越大的颜色越深。含铜防腐剂处理的防腐木由于铜离子而往往呈现绿色。

木材种类　不同种类的木材具有不同的颜色。一些防腐木可能使用淡黄色或偏红色的木材，而其他可能使用颜色较深或偏黄的木材。这会影响最终防腐木的整体颜色。

图3-1　防腐木呈现不同颜色

气候和环境因素　暴露在阳光、雨水和空气中的防腐木会受到自然气候和环境因素的影响。阳光中的紫外线和其他因素可能导致木材颜色变化，这种自然的氧化过程可能会导致防腐木呈现不同的色调。

其他原因　由于防腐剂在节疤、油脂聚集区发生沉积而使防腐木这些区域呈现绿斑；有的不正规厂家的防腐木，其防腐剂自身可能含有颜料或着色剂，使木材呈现出绿色或黄色。

102 防腐木的材积如何计算？为什么买到手的材料与实际的材积有较大差异？市场上"虚尺"报价如何计算实际单价？

原木的材积是根据木材的直径和长度，通过查询对应的原木材积表得出的，其单位为立方米（m³）。防腐木一般是由锯材加工处理而来，所以材积计算通常遵循一般的锯材材积计算方法，主要涉及木材的体积和密度等参数。木材的材积可以通过测量木材的长度、宽度和厚度来计算。常见的计算公式为：防腐木材积=长度×宽度×厚度。我国在材积计算时，长度、宽度和厚度需要使用相同的长度单位，如米（m）、厘米（cm）或毫米（mm）。

按照GB 50828—2012《防腐木材工程应用技术规范》规定，实际材积与理论材积有一定偏差是允许的，但如果实际到手的材积与理论计算的材积相差巨大，则主要是因为有些商家做不到诚信经营（如厚度、宽度严重不足，大部分商家可能是厚度负差4~10mm，宽度负差5~10mm，更有甚者厚度和宽度均负差15mm），尺寸短缺的情况严重。例如，某客户需要购买实际规格为50mm×100mm×4000mm的材料，商家提供的是35mm×85mm×4000mm材料，但还是按照50mm×100mm×4000mm计算材积，该客户实际得到的材积只有原来的59.5%。

为了避免这种情况，消费者最重要的是了解商家信誉，选择可靠的品牌和卖家，不以单价来作为唯一采购标准，购买时签订正式合同，在合同中注明尺寸、规格等细节。在防腐木交易的时候，买卖双方如果以成品材积单价和材积确定交易金额，卖方如果采取"虚尺"手段，实际尺寸小于公差规定的实际交易尺寸，这种现象属于"短斤少两"的不诚信行为，是可以进行维权的。

市场上流行着许多厂商的不诚信行为，如采用"虚尺"的办法，减少客户所购产品尺寸的办法来变相提高售价或故意采取售价虚低的方式，其减少尺寸后虚尺单价与实际单价的折算方法举例如下：

假设客户所定尺寸为50mm×100mm的规格，其虚尺单价为2000元/m³，如果商家给客户提供的实际尺寸为35mm×85mm，其折合实际尺寸的单价为2000元/m³×（50mm×100mm）/（35mm×85mm）=3361.34元/m³。与同样规格和树种正规市场报价3000元/m³的防腐木相比，其实际价格更贵。

103 如何选择防腐木的厚度和宽度，有参照标准吗？

防腐木的厚度和宽度的选择通常取决于具体的使用场景和承受负荷，需要根据使用要求、用途、人流量、地理环境、材种等因素进行合理设计和计算。虽然没有统一的标准，但一般建议从以下几个方面考虑：

用途和负荷 不同的建筑和结构需要不同的木材厚度和宽度。例如，木栈道通常需要能够承受人们行走的重量，而桥梁或平台可能需要更大的承载能力。具体用途决定了木材厚度和宽度。

环境条件 如果木材暴露在恶劣环境下，如常年潮湿或接触到化学物质，可能需要更耐用的木材，或者增加木材的厚度以提高稳定性和使用寿命。

木材种类 不同种类的木材具有不同的力学性能。一些木材天然具有较高的耐腐性能，而另一些可能需要经过防腐处理。因此，选择的木材种类也会影响木材的厚度和宽度。

设计规范 一些地区可能有建筑规范或设计标准，规定了特定类型结构所需的最小尺寸和材料要求。设计应用时可以咨询当地的建筑师、设计师或查询建筑规范来获取更准确的信息。

就树种而言，一般情况下，南方松防腐木厚度为25mm和38mm，赤松防腐木地板厚度大概为21mm、28mm、38mm、50mm等。

就不同用途而言，用于地板时，木材越厚承载力越高，平方单价也越高，家装建议使用厚度21mm或25mm的，而公共区域建议使用厚度38mm以上的；阳台的防腐木厚度一般为21mm、25mm，墙板规格常月的有10mm、12mm、16mm、20mm、25mm、30mm、38mm。

常用防腐木产品规格见表3-2。

表3-2　常用防腐木产品规格表

产品类型	产品规格
阳台地板、桑拿房地板及天花板、凳面、栅栏板、花格、别墅外墙挂	23mm×100mm，25mm×100mm
露台地板、平台、步道、广场铺装、木乔板面、凳面、花架、花箱侧面板	30mm×100mm
地板面(泳池、长堤)、架空平台、花架及凉亭约主梁	50mm×100mm，50mm×125mm
地板面(栈道)、架空平台龙骨	50mm×150mm
地板面(泳池、长堤)、花架结构主梁	75mm×150mm
廊柱、凳脚	95mm×95mm
木柱、龙骨、凳面	75mm×75mm
阳台地龙骨	30mm×50mm
露台地龙骨	50mm×50mm
木屋地龙骨	40mm×90mm，40mm×140mm，40mm×184mm
海事工程	200mm×200mm，200mm×250mm，220mm×260mm，300mm×300mm，300mm×350mm
矿用枕木	120mm×140mm×1200mm
支护木	立柱直径应大于200mm，或截面短边不小于120mm的，顶板厚度不小于30mm，侧板厚度不小于25mm

从设计规范上，木栈道厚度可以根据人行区域的负荷来确定。典型的木栈道厚度可能在50mm以上，具体取决于设计要求和环境条件。同时，木材选择和处理对防腐木栈道耐用性至关重要，设计阶段最好咨询专业工程师，并根据具体情况决策。

104 防腐木为什么会开裂？有防裂防腐木吗？

开裂是木材的天然属性，是环境湿度和温度变化引起的常见现象，主要原因是木材的干缩湿胀和各向异性的特点，在恒用过程中，木材含水率变化会使其各个方向发生湿胀或干缩变形，但因木材弦向收缩远大于径向收缩和内表含水率存在梯度，这种变形差在木材变形时会产生应力，当应力起过木材的抗拉强度时，就会在应力点发生开裂现象，木材常见的有端裂、表裂、内裂、轮裂等。不同树种的木材，其变形、开裂程度差异较大，一般越硬的木材越容易开裂。防腐木虽增加了防腐功能，并不能克服木材开裂的天然缺陷，在使用过程中仍会开裂，特别大尺寸的木材、心材比例较高的木材、未经过二次干燥过程的木材。具体原因如下：

环境湿度变化 防腐木开裂的主要原因可以归结为木材内部的水分变化。含水率变化是木材开裂的最主要原因，木材在室内使用时，由于已经干燥到平衡含水率，室内的含水率也相对稳定，因此出现开裂的情况很少。而木材在室外使用时，受天气的影响极大，尤其在雨水丰富的南方，如果长期的阴雨天气之后马上出现暴晒，木材内外含水率相差大且变化快，长期这样循环，就会加速木材开裂。当防腐木置于湿润的环境中时，木材吸收水分而膨胀；而当环境变得干燥时，木材失去水分而收缩。这种水分的周期性变化会导致木材长期不断膨胀、缩小而造成变形和开裂。

阳光暴露 暴露在阳光下的木材会受到紫外线的影响，这可能导致表面的快速干燥，从而促使木材表面开裂。

木材的自然特性 不同树种的木材具有不同的纹理和特性，有些木材更容易开裂。木材干缩湿胀各向异性，轴向干缩率0.1%～0.3%，径向干缩率3%～6%，弦向干缩率6%～12%。木材弦向干缩与径向干缩的差异也会发生内应力，从而造成开裂。

防腐处理和干燥方法 木材防腐处理过程和木材的干燥过程也可能引发开裂。不恰当的处理和干燥方法可能导致木材内部的应力积累，增加开裂的风险。木材变形的原因是木材的内部应力，开裂的原因是木材表面积发生变化，这些变化的根本原因是木材内部水分过高。未经二次干燥的防腐木在室外使用时，会由湿转干，木材没有延展性，所以是由木材表面到木材内部缓慢转干，在表面转干时，表面积会缩小，而在这个阶段木材心部还没有干，所以表面缩小的面积只有通过开裂来增加表面积以保持整体平衡，从而造成开裂或变形。木材在大气中自然干燥，表面的水分蒸发得快，含水率首先降低，表面开始干缩。但是内层的含水率还高，没有发生干缩，在此情况下，外层要收缩，内层不收缩就产生了外部受拉、内部受压的内应力，当拉应力超过了木材的抗拉强度极限时，木材组织就会受到破坏，产生开裂。

开裂可能暴露防腐剂没有渗透的木材内部，从而影响防腐效果，防腐木可经过防水处理工艺等实现防裂。如通过胶合工艺制备大截面的胶合木，可有效避免开裂，只是价格比不胶合的防腐木高出1.5～2.5倍，其他一些特殊处理如防腐胶合配合防水漆处理、热改性/防腐双处理、乙酰化改性处理，成本更高，比普通合格防腐木价格高出甚至5倍以上，需要用户有一定的接受度。

105 如何简单鉴别防腐木和普通木材？

防腐木可以通过检查颜色、标识和外观进行简单的鉴别。

颜色 含铜防腐剂处理的防腐木通常具有较深的颜色，如绿色、褐色或棕色。将防腐木材锯开，直接观察截面是否有药剂透入。

标识　防腐木的生产商通常会在木材上标明防腐处理的类型和等级，查看这些标只可以确认木材是否经过防腐处理。

外观　防腐木的表面可能有一些处理痕迹，如斑点、刷痕或其他痕迹。

106　如何买到合格防腐木？购买和使用伪劣防腐木划算吗？

确保选择信誉良好的商家，并查看产品的规格和质量。可在网络上查询商家的相关信息，如成立时间、生产场地、生产规模、注册资本、研发能力、工程案例、获奖情况、检测报告、质量控制措施、产品介绍等。

可采用先抽检再购买的方法。当商家推荐某品牌的防腐木，并承诺肯定达标，可以在现场随机抽样，将样品分为两段。双方在两段样品上签字并当场封样，一段送到权威实验室检测，一段自行留样，若检测合格，即可购买。如果是大批量购买防腐木，到现场后还需进行随机抽样备检，同样要在样品上双方签字。保留好购货合同、送货单、付款记录、购货发票等资料。如果商家提供的是不合格的防腐木，一般不会同意随机抽检。

购买和使用伪劣防腐木对于消费者来说是不划算的。虽然伪劣防腐木的价格可能相对较低，但在花了同样的安装成本后，伪劣防腐木的使用寿命极短；正规的防腐木正常使用年限在30年以上，有些甚至50年以上，两种产品的性价比不言而喻。使用伪劣防腐木可能增加以下成本：

材料成本增加　伪劣防腐木材存在质量问题，将影响木材的防腐效果，缩短使用寿命，需要频繁更换或维修，反而增加材料成本。

安全风险增加　使用伪劣防腐木可能存在安全风险，特别是在建筑、室外装饰等重要场合，木材的质量问题可能导致结构不稳定、易断裂或损坏，导致人身和财产损失。

劳动力成本增加　由于伪劣防腐木质量不佳，其使用寿命较短，频繁地进行维修或更换将增加额外劳动力投入。

相比之下，购买质量可靠的防腐木虽然价格可能较高，但使用寿命更长，减少维护成本，确保安全，长时间来看综合成本更低。因此，为了确保质量和可靠性，购买和使用质量合格的防腐木通常是更划算的选择。

107　如何判断防腐木真假？

判断防腐木的真假，根据所用方法的简易程度和可靠性分为经验判断和专业判断两种方法。

经验判断　即根据防腐木本身的信息和防腐木外观特点进行判断，此种判断可能会出现判断不准或出错的可能。主要有以下几种方法：

（1）品牌信誉：选择知名品牌的防腐木，这些品牌通常有较高的信誉和口碑，可以通过在互联网等多种渠道了解相关信息，通过用户评价和意见来了解品牌的信誉度。目前情况是国内形成品牌效应的防腐木屈指可数。

（2）防腐木外观：简单锯解露出端头，如果边材未充分渗透，可初步判断不合格。

（3）产品标识：合格的防腐木材应具有明确的产品标识，在包装上应有产品名称、品牌、规格、生产日期和防腐等级等相关信息。

（4）价格对比：如果价格太低，远低于合格防腐木生产成本，可能是伪劣产品，过低的价格可能意味着质量不可靠。

专业判断　即将防腐木委托送给专业的检验机构，由检验机构根据相关国家标准进行检测，检测后可以给出有关质量是否合格的专业结论，检验报告包括防腐木的透入度和载药量两个指标的数据。

108 如何简易判断防腐木的防腐剂是否合格？

判断木材防腐剂是否合格通常需要专业的实验室及检测设备，以下是一些简易的初步判断方法：

外观检查　观察木材的外观，一般含铜防腐剂会有颜色，如果明显颜色不符合常规或不均匀，则可能不合格。

切割观察　如果可能，可以切割一小段木材并观察切口。如果防腐剂渗透到木材内部，切口处应该呈现出均匀的颜色。如果只有表面涂层而内部未被防护，可能会出现颜色不均或有部分受损的情况（图3-2）。

图3-2　真假防腐木中间锯开后的断面观察（左侧为边材全渗透，右侧仅边缘渗透）

抽查检测　如果大量购买防腐木，可以随机抽查几件进行严格的测试，包括使用一些专业设备等。

参考标准　查看购买的木材是否符合相应的国家或地区的木材防腐标准，这些标准通常规定了防腐剂的类型、载药量以及测试方法。

以上这些方法仅提供了初步的评估，对于更准确的判断，最好还是向专业机构咨询或进行实验室检测。使用防腐木时，也应该按照生产商提供的使用和维护说明进行正确的处理和保养。

目前市场上伪劣防腐木非常明显，锯开可直接判断，窑干或气干至含水率20%以下再加压处理的锯开后，边材部分防腐剂会渗透85%～100%（但油材和心材渗透会比较困难）；湿材直接加压处理的木材锯断后，木材横切断面部分90%以上呈现木材本色(50mm厚度以上尤为严重)，不能有效渗透木材细胞内，而涂刷浸泡只是类似的着色效果不能称之为真正防腐木。

109　购买防腐木时应注意避免哪些"坑"？

购买防腐木需要提防市场上存在的"坑"，避免"入坑"：

木材材种"坑"　材种标注不真实，用低价的材种充当高价的材种。

木材质量"坑"　送货的材料不是当场选定的材料，以次充好。检查木材表面是否平整，是否有明显的瑕疵、裂缝或翘曲。

木材规格"坑"　尺寸短缺，材积不足。确保购买的防腐木的尺寸规格符合项目的需要，避免因尺寸不匹配而造成浪费或无法满足设计要求。按平方米计价掩盖材积严重不足的事实。如设计上实际需要厚度25mm的防腐木地板，1m³折合为40m²。但不良商家用21mm厚度的材料代替25mm，同样是40m²的面积，实际材积却只有0.84m³，购买者损失了0.16m³，而且还要承担因厚度不足造成的安全隐患。

防腐处理质量"坑"　添加伪劣的防腐剂或防腐剂浓度不够；处理等级不对应。防腐木有不同的防腐等级，如C3、C4等，代表了其在不同使用环境下的防腐性能。应根据实际使用场景选择合适的防腐等级，如果质量不达标、低等级木材作为高等级使用，在短时间内防腐木就会受到腐朽和虫害的侵害。

伪冒假造"坑"　冒充大品牌或进口防腐木。提供虚假检测报告，冒用甚至篡改品牌厂家的检测报告。

发票标注"坑"　送货单或购货发票上品名标注"板材"而不是"防腐木"，导致后续维权困难。

如何避免这些"坑"，可从以下几个方面入手：

选择有良好信誉的品牌或供应商　以确保产品的质量和售后服务。

警惕过低价格　过低的价格可能意味着产品质量不佳，防腐处理不足，或者使用了劣质的木材。谨慎对比价格，不要只追求低价而忽略了质量。

验货　在购买前仔细检查防腐木的外观和质量，避免购买到有缺陷的产品。查验购买清单和发票，一定写明是"防腐木"。查验防腐木的保质期，以确保在一定时间内木材的防腐性能仍然有效。

此外，可关注防腐木是否符合环保标准，选择符合当地法规和环保要求的产品。总之，购买防腐木时需要全面考虑木材质量、防腐处理、品牌信誉等因素，以确保所购产品符合预期的质量和使用要求，避免入"坑"。

一些不良商家为了追求低成本，可能会使用劣质的木材和防腐剂，这样的防腐木质量往往不可靠，容易出现开裂、腐朽等问题，而且使用寿命较短，所以购买者不要被便宜的价格所迷惑。除了外表之外，买家也需要进行内部检查，看是否存在虫眼、腐朽等问题。

110 购买了不合格的防腐木该如何维权？

若购买到不合格的防腐木，想要顺利维权，首先要签订购买合同，并保留好送货单及发票、付款凭证等，且发票品名标明"防腐木"及防腐等级。如果发现购买的木材与标称不符，或者出现质量问题，可以考虑采取以下步骤进行维权：

保留购买凭证　保留购买防腐木的相关发票和合同，这些是维权的有力证据。购买合同应包括材种及木材等级、规格、防腐药剂品种、防腐等级、计价单位、购买数量等信息，发票品名标明"防腐木"。

与卖方联系　尽早与卖方联系，说明问题并提出要求。部分问题可能通过商家直接解决。

消费者协会　如果与商家的沟通没有解决问题，可以考虑联系当地的消费者协会或相关的监管部门，寻求帮助和建议。

法律途径　如果通过商家和相关机构的协商无法解决问题则需要寻求法律途径，如向法院提起诉讼。

需注意，具体的维权步骤可能会因所在的国家和地区而有所不同，建议在采取任何行动之前咨询专业法律意见。

111 防腐木市场良性发展倡议有哪些？

中国林产工业协会木材保护与改性产业分会关于促进防腐木良性发展曾提出以下几点倡议：

建立良性的价格机制　合理的价格是确保防腐木良好品质必不可少的条件，违背价值的产品价格是不理性的。当防腐木作为建筑工程材料时，定额测算依据合格的防腐木价格做参考。

加大宣传普及　要让市场良性循环，就要加大什么是好产品、好产品的界定标准以及防腐等级标准的防腐木应用知识科普宣传力度，并且要加大宣传面，更多地在"需方"进行宣传。

加大在公用设施上的应用　对于公共建筑项目，建设单位、设计机构、高校及科研院所、产业协会等联合政府相关部门，包括防腐木生产企业和用户（需方）做广泛的权威发布与产品知识普及，促进加快合格防腐木在市场上的普及率，使行业良性发展。

加强市场监管　加强防腐木产品的市场抽查力度，增加产品质量的曝光度，让优质品牌产品得以推广，劣质产品给予曝光，加大处罚力度。

建立质量终身追究制度　加强防腐木工程项目实施过程中的品质监督，建立质量终身追究制度。设计单位对于防腐木使用的设计方案要给予充分的重视，应根据木质材料的特殊性给予规范设计。重点工程项目，防腐木材料进场进行随机抽样送检，避免人为干预造成误差。

二　配套　防腐木的周边与

112　哪些木材适合作为防腐木？

同时满足以下条件的树种适合做防腐木：防腐剂容易渗透；容易大量采伐并具有经济价值；价格较低，利于大量消费；可持续利用。

我国市场上常见防腐木的树种以针叶材为主，主要是松木。原本较容易腐朽的松木经过防腐处理后可以用于户外工程和家具。如南方松、樟子松（俄罗斯赤松）、马尾松、辐射松和欧洲赤松等。其中除俄罗斯产松木（70～100年以上）是天然成熟林木材以外，其余木材多为人工速生林木材。在一般承重木结构中，如桥梁、木结构房屋、海水及地下打桩，由于人工速生林木材生长轮宽、心材小、密度较小造成材质稀松、韧性不够及变异性大应忌用、少用，或者进行防腐胶合处理后使用。

113　天然耐腐木材就不需要防腐处理了吗？

答案是否定的。耐腐性能好的木材需不需要防腐应该考虑以下3种情况：

心边材所占比例　指这种树种木材的心边材比例，不是单一锯材的心边材比例。天然耐腐性强或弱是就木材的心材而言的。如果该材料心材比例大而边材比例很小，甚至心边材比达到95：5，这种材料一般成材主要是心材，如果属于天然耐腐性树种，是可以不用做防腐的，尤其适用于低风险等级环境。如红桉、婆罗双、柚木等，心材占比大约超过95%，而针叶材中的红雪松、花旗松等心材占比也非常大。而松木一般边材占比较大，如南方松，虽然也是耐腐树种，但由于锯材中边材占比大，边材都不耐腐，所以室外使用必须进行防腐处理。

使用环境 耐腐性和耐蚁蛀是两个不同的特性，耐腐性强的树种不一定耐蚁蛀，所以即使心材比例较大的耐腐树种用在白蚁风险区域，也需要进行防腐处理。如红雪松，虽然心材占比大，又是耐腐树种，但用在我国白蚁危害中等和高等风险区域，必须防腐处理后才能使用。

使用等级 如果用在高腐朽和严重腐朽风险的区域或使用等级比较高的应用，如应用于室外接触土壤的或水域附近的材料，一般耐腐材也需要进行防腐处理。

114 防腐木二次加工会影响防腐效果吗？

防腐木二次加工指在施工现场不得不进行的钻孔、切割等处理。为了不影响防腐效果，一般要求所有的切削、钻孔、倒角、修边、榫槽、刻痕、磨削等加工工作应在进行防腐处理之前完成，以省去后续切割木材的必要。例如，预先钻孔以容纳紧固装置可确保对孔周围木材的保护。若需要在防腐处理后进行二次加工，可能对防腐效果产生一些影响。具体情况分以下2种：

对于含有防腐渗透性差的心材的防腐木 二次加工会造成端头露白，从而影响防腐效果，建议将端头进行补救处理。

对于整根全是渗透性非常好的边材的防腐木 二次加工几乎不会影响防腐效果。

二次加工造成的所有可能贯穿防腐处理区域的切口、孔洞和损伤都应进行现场补救处理，如由于拔除钉子造成的孔洞或磨损等。

115 防腐木需要涂饰处理吗？不涂饰会影响其防腐效果吗？

防腐木不进行涂饰也能保持防腐性能，是否需要涂饰处理取决于具体的使用环境和用户偏好。涂饰的作用主要如下：

更美观 部分用户考虑到美观与形象，会要求给防腐木涂饰处理，这样也可以让防腐木看起来更加光亮。

耐老化 安装好的防腐木没有及时涂刷油漆，木材表面经过风吹雨淋后，会出现氧化层，表面会出现变色以及木材开裂等情况，影响外观效果。涂饰可以在一定程度上增加木材的抗紫外线、防水和防污性能，延长其使用寿命，并改善外观。特别是在室外环境，木材容易受到阳光、雨水、风吹等自然因素的影响，涂饰可以提供额外的保护。

达标的防腐木即使不涂饰也不会影响其防腐、防虫性能，使用寿命能够达到设计的使用年限；如果涂饰处理则可以延长防腐木的使用年限。涂料可以提供额外的保护层，防止水分、紫外线和其他环境因素对木材的侵害。它能够防止木材表面吸收过多水分，减缓真菌和虫蚁的侵害，并防止木材暴露于紫外线下而发生褪色和龟裂，使防腐木表面耐候性能更好，更加美观，可提供更全面的保护，延长木材的使用年限。

116 如何选择防腐木用涂料？

涂饰处理可以在一定程度上保护防腐木外观颜色和耐老化，在选择涂饰时，最好使用对防腐木适用的户外涂料。这些涂料通常具有耐候性和抗紫外线的特性。常见的涂料有户外水性漆、油性漆、木蜡油、桐油等。

在应用涂料之前，确保防腐木表面是干燥和清洁的，以确保涂料能够附着并发挥最佳效果。选择防腐木涂料时应关注的涂料性能如下：

透明度和抗紫外的平衡 透明涂料可保留木材天然纹理，但暴露在阳光下容易受到紫外线的侵害；选择具有较高遮盖力的涂料，可提供更好的抗紫外线保护，延缓老化过程，因而需平衡考虑其透明度和抗紫外线的关系。

耐水性 木材在潮湿环境中容易受潮，选择具有优秀耐水性的涂料，有助于防止木材受潮及含水率升高而造成霉菌大量繁殖以及腐朽菌危害的风险。

环保性 选择对人和环境友好的涂料，尽量避免含有害物质的产品。

易施工性 选择容易施工的涂料，如干燥时间、对木材含水率和空气温湿度的适应度，以确保施工过程简便，并能够均匀覆盖木材表面。

附着力 需考虑对防腐木的附着力，一般油性涂料附着力较强。对经常踩踏的地方如栈道、户外地板上的涂饰附着力要求更高。

涂料好坏直接影响对防腐木的保护效果，质量低劣的涂料对木材不仅起不到保护作用，还会影响防腐木的整体美观度。

117 防腐木用水性涂料和油性涂料哪个更好？两者区别是什么？

常用的户外涂料主要分为三大类：溶剂型涂料、水性涂料及木蜡油、桐油等。溶剂型涂料指以有机溶剂为分散介质而制得的建筑涂料，即油性涂料；而水性涂料就是指以水为分散介质，用于木质基材表面起装饰与保护作用的涂料。

水性涂料与油性涂料从材料特点、施工方便性及环保安全性等几个方面相比，有如下区别：

气味　水性涂料通常由于比油性涂料具有较低的挥发性有机化合物（VOC），因此在施工过程中的气味更轻，甚至有的种类没有气味。这使得水性涂料适用于室内，尤其是对气味敏感的人比较友好。

附着性　一般油性涂料比水性涂料附着力更好。

安全性　油性涂料具有易燃、易爆特点，运输及存储需要特定的位置及危险品运输车。水性涂料非危险品，运输存储无特殊安全要求。

耐老化性　油性涂料可能更耐老化，尤其是在面对恶劣天气和潮湿条件时。它们通常提供更好的防水性和更强的抗紫外线性能，适用于户外。

环保性　油性涂料以有机树脂加稀释剂作为主要成分，气味大，室外施工后3个月内气味依旧很大，室内施工1～2年气味依旧存在。水性涂料是有机树脂的水性乳化液和分散液为主要成分，无有毒有害气味，无论室内、室外，施工后1天基本闻不到涂料气味，所以水性涂料通常被认为更环保，这一点在室内应用或对环保要求较高的项目中可能很重要。

准备工作　水性涂料通常比油性涂料更容易清洗并且在准备工作方面更为简单。

施工工艺　油性涂料需缓慢释放12h以上才能达到一遍干燥的目的，施工时间长。水性涂料一遍施工2～5h就能干燥进行第二遍涂料的施工，施工时间短。

综上，普遍认为水性涂料更环保、干燥时间短、气味轻，如果需要快速完成项目或希望迅速进行多次涂层，水性涂料可能是更好的选择。油性涂料通常更耐久，但可能含有溶剂，需要较长时间挥发，更适合用于户外，另外，油性涂料一般是工厂处理。因此需根据项目需求类型和使用环境的具体要求而定。

118 防腐木的涂饰应在安装前还是在安装后进行？

防腐木涂饰的最佳时间通常是在安装之前进行。在安装前对防腐木进行涂饰处理可以确保木材表面的全面覆盖，提供更好的保护效果，防止木材受到湿气、紫外线和其他环境因素的损害。具体优点如下：

（1）工厂可以做到全方位对防腐木涂刷，不会因环境的污染对漆面产生破坏。

（2）涂刷好涂料的防腐木在工地安装可以不受天气及温度影响，大大提升施工效率。

（3）工厂做的涂料表面美观度及质感要比现场施工好很多，并且可以保证涂料涂布量，延长对防腐木的使用寿命。

（4）安装前涂饰还可以对防腐木的六个面进行涂刷保护，大大减少防腐木开裂、变形、变色等现象。

在安装后进行涂饰处理也是可行的，但这可能会导致防腐木某些部分没有完全覆盖，因为在安装后，一些表面可能变得难以达到或处理。因此，为了确保最佳的防护效果，最好在安装前进行涂饰处理。只是需要小心预制后现场施工易破损的问题。

在进行涂饰处理时，要确保木材表面是干燥和清洁的，这有助于涂料能够更好地附着在木材表面上。此外，使用合适的防水、防霉涂料也是非常重要的，以确保木材能够有效抵御天气和其他外部因素的侵害。

119 防腐木需要刷几道涂料？涂料需要刷几个面？

防腐木的涂料处理通常包括几个步骤，但具体的涂层数量和涂布方式可能会因木材类型、使用环境和个人偏好而有所不同。一般建议室外地板单面（阳光照射面）不少于3~4遍的涂料工艺，确保每平方米涂料总用量达到建议水平；同时建议搭配不同颜料使用，因为颜色不仅具有美观木材的作用，同时又具有隔绝紫外线的能力，颜色越深抗紫外线能力就越强，最大程度减少防腐木变色、变形、开裂等现象，降低维护成本。

最佳的施工质量建议是对防腐木6个面都要涂刷到位，以下是一般建议：

基础涂层（底漆） 在防腐木表面涂上一层底漆，封闭木材，硬化木材表面毛刺，确保打磨底漆效果，这有助于提高涂层的附着力，并为后续的涂层提供更好的保护。底漆的选择通常应考虑到木材的特性和使用环境。

第一道面漆 在底漆干燥后，通常需要涂上第一道面漆。这一层旨在提供额外的保护，并为后续涂层提供一个均匀的基础。

中间涂层（可选） 根据需要，可以考虑涂上一个或多个中间涂层，以增加保护和提高防腐木的外观。

最终涂层 最后一道涂层是最终的保护层，使防腐木表面具有更长的耐久性和美观性。这可能是光面漆、半光面漆或其他特殊涂层，取决于个人喜好和使用环境。

具体的涂料涂层数量和种类可能会因不同的防腐木品牌和产品而有所不同，因此在选择涂层时最好参考生产商的建议。此外，确保在涂饰之前防腐木表面是干燥和清洁的，以确保涂层能够有效地附着并提供最佳的保护效果。

120 防腐木涂料的施工注意事项有哪些？

防腐木涂料施工注意事项如下：

选择合适的涂料 确保选择专门用于防腐木的涂料，以确保对木材提供足够的保护。户外环境使用的涂料要选用耐候性和透气性好，可以不形成漆膜的涂料。

准备工作 在涂刷涂料之前，确保木材表面是干净、光滑的。清除木材表面的灰尘、油脂和其他杂质，以确保涂料充分附着。

搅拌均匀　在使用涂料之前，搅拌均匀以确保其中的防腐剂和颜料均匀分布。避免搅拌器搅拌的速度过快，以防产生过多的气泡。

施工环境　尽量在温暖、干燥的天气中进行涂料施工。湿度较高或温度过低可能影响涂料的干燥和固化过程。施工温度建议5～40℃，温度过高或过低都会对涂料保护性能产生破坏作用。整个涂料施工过程避免雨水，施工前12h及施工后12h，要确保防腐木不能淋到雨，因为涂刷前木材淋到雨会影响涂料附着力，涂刷后淋到雨会冲稀涂料面，达不到保护的目的。

使用刷子或喷枪　选择适当的涂刷工具有助于确保涂料均匀覆盖在木材表面。

多层涂抹　建议进行多层涂抹，以确保提供足够的保护。在每一层涂料干燥之前，确保涂饰面是干燥的。

保持通风　在室内施工过程中保持良好的通风，以减少涂料蒸发物对人体的影响。

检查和保养　不论选择了哪种涂料，都需要定期检查已涂抹的木材表面，如有磨损或受损，及时修补和保养，以确保防腐效果良好，延长木材使用寿命。

遵循使用说明　按照涂料的使用说明进行操作，包括涂抹方法、干燥时间、涂布层数、涂布间隔时间等。

废弃物处理　废弃的涂料容器和工具属于危废品，需要按照当地的环保法规进行正确处理。

具体的施工注意事项可能会因不同品牌和类型的防腐木涂料而有所不同。

121 用木材保护油涂饰防腐木有什么优点？

木材保护油俗称木油，或木蜡油，是一种类似溶剂型涂料而又区别于溶剂型涂料的天然木器涂料,它和目前基于石化类合成树脂所生产的溶剂型涂料完全不同。原料主要以安全、可再生的天然原料，如精炼亚麻油、桐油、松节油和无毒的矿物颜料，配合加入棕榈蜡或者蜂蜡等天然植物蜡调制而成，不加植物蜡的也可以称之为木油，是中国传统桐油的一种改性产品，是一种无毒、无有害气味、高性能的产品，具备极强的适应气候变化的能力、优异的附着力及持久的弹性，亦特别能抵抗阳光中紫外线的辐射，明显延缓木材的老化、变形，易渗透于木质纤维之中，防止木材开裂，这是任何一种溶剂型涂料都不具备的功能；另外由于木蜡油的不成膜性，使得木材得以自然呼吸；木蜡油还能够保持天然木纹和凹凸质感，装饰效果佳。目前，木油是欧美国家最受欢迎的纯天然户外木器涂料。

但是木蜡油也有缺点，一方面是干燥速度慢，特别是未经聚合改性的木蜡油，类似于桐油的干燥速度；另一方面是木蜡油只能做开放式清水效果，对于实色漆和封闭式效果难以实现。

122　安装防腐木时应怎样选择合适的五金件？

防腐木安装时，选择合适的五金件是非常重要的，因为它们直接影响到结构的稳定性和整体的美观性。用于防腐木的五金件材质应符合现行国家标准GB/T 700—2019《碳素结构钢》的有关规定，螺栓的材质应符合国家标准GB/T 5782—2016《六角头螺栓》和GB/T 5780—2016《六角头螺栓 C级》的有关规定，钉的材料性能应符合行业标准YB/T 5002—2017《一般用途圆钢钉》的有关规定。

对于建筑物内部使用的硼酸处理木材（SBX），可以使用与未处理木材相同的五金件，室外使用与防腐木直接接触的五金件应采用不锈钢或热浸镀锌材料，与海水接触的五金件应采用抗腐蚀性不低于316型的不锈钢材料。另外，选择合适的五金件还需关注以下性能特点：

防腐蚀性能　由于防腐木主要用于室外，选择不容易生锈的五金件是关键。不锈钢是一个常用的选择，因为它对水分的抵抗能力较强。

耐用性　五金件的耐用性直接影响结构的稳定性。确保选择具有足够强度和耐用性的五金件，以确保较长的使用寿命。

尺寸和型号适当性　根据项目需求选择适当尺寸和型号的五金件。确保螺丝、螺母、螺栓等五金件强度满足设计要求，以保证连接牢固。

安装便利性　选择易于安装的五金件，有助于简化安装过程，减少安装时间和劳动力。

抗锈蚀性　如果项目处于潮湿或多雨的环境中，确保选择具有抗锈蚀性的五金件。

规范性　确保所选的五金件符合当地建筑规范和安全标准，以保证项目的合规性。

价格和质量平衡性　在选择五金件时，要平衡价格和质量。不要只是追求低价，而忽略了五金件的质量和耐用性。

123　户外五金件为什么要用不锈钢和热镀锌材料？

在进行户外木制景观制作时，金属连接件要在露天恶劣的环境中长期使用，因此必须具有极好的耐候性；而且金属连接件是用在经过防腐药剂处理的木材上，一些药剂的成分可能会对金属表面造成腐蚀，因此必须选择用不锈钢（316或304）和热镀锌紧固件。具体有以下几个重要的原因：

耐腐蚀性能强　不锈钢是一种具有优异耐腐蚀性能的金属材料，因为它含有铬等合金元素，形成一层致密的氧化膜，可以有效抵御大多数环境下的腐蚀。热镀锌是一种在钢铁表面涂覆一层锌的工艺，锌与空气中的氧气和水分反应形成氧化锌层，提高了紧固件的抗腐蚀性。

长期稳定性　防腐木一般用于户外环境，经常受到雨水、阳光等因素的影响。使用不锈钢和热镀锌紧固件可以保证其在恶劣环境中长期稳定的性能，减少因锈蚀而导致的安装部件的损坏和脱落。

外观美观　不锈钢具有良好的光泽和外观，使用它作为紧固件可以提升防腐木构件的整体外观。这对于一些注重建筑美感的场所，如花园、露台等，是非常重要的考虑因素。

可靠性和安全性　不锈钢和热镀锌紧固件具有较高的强度和耐用性，可以确保防腐木结构的稳固性和安全性。在户外环境中，由于天气等自然因素的变化，对于建筑结构的可靠性要求较高，使用耐腐蚀的紧固件可以减少因锈蚀而引起的安全隐患。

总的来说，使用不锈钢和热镀锌紧固件能够有效延长防腐木结构的使用寿命，提高其稳定性和安全性，同时保持良好的外观。

124 防腐木的五金件安装工艺是什么？

防腐木的五金件（图3-3）安装工艺一般如下：

准备工作　在开始安装之前，确保防腐木的表面是干燥、清洁的。移除木材表面的

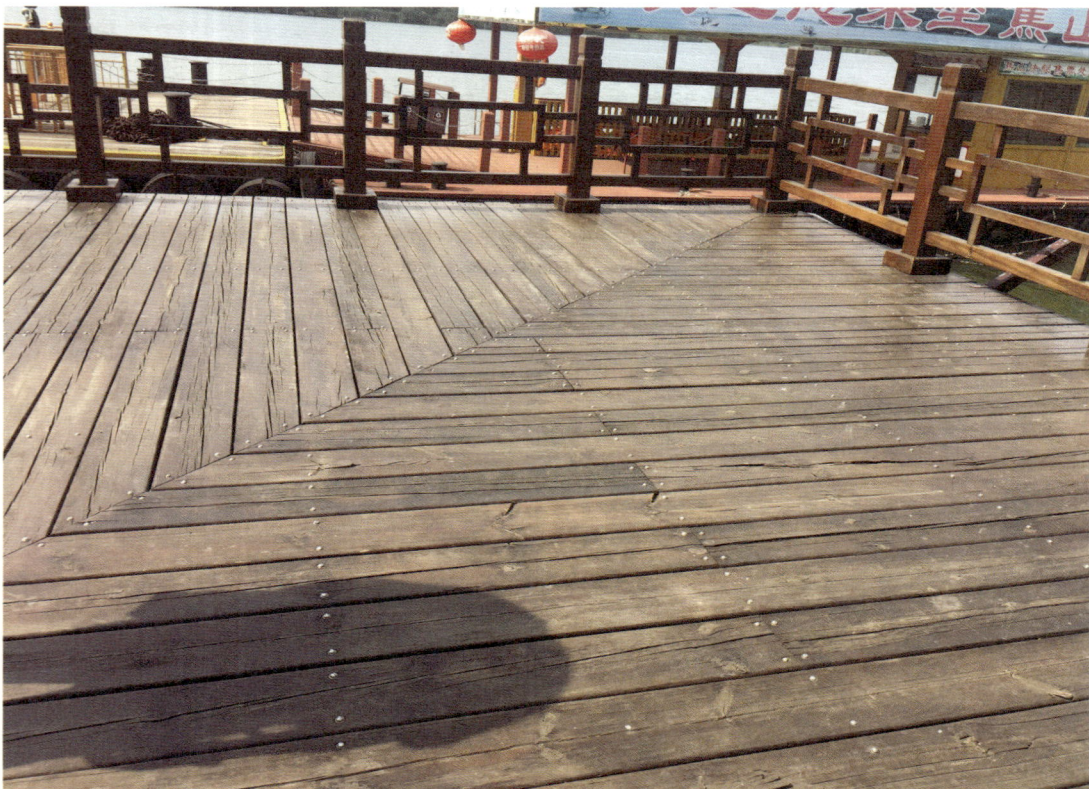

图3-3　防腐木紧固件

尘土和杂物，以确保五金件能够牢固地连接到木材上。

复核五金件　根据设计要求，复核五金件的数量、规格等重要技术参数满足设计图纸要求。

预钻孔　如果涉及钻孔，建议在安装位置上使用预钻孔工具，在防腐木上预先钻孔。这样可以减少木材的裂纹，确保五金件更容易安装。

安装五金件　使用适当的专用工具，如螺丝刀或扳手，将防腐木固定。

注意防腐处理　在安装完成后，注意检查木材表面的防腐处理是否完整。如果有需要，可以进行现场防腐补救处理，以增强木材的耐久性。

检查和调整　完成安装后，检查每个五金件，确保它们都被正确地安装并且连接牢固。必要时，进行调整以确保整个结构稳定。

总体而言，安装防腐木的五金件一般需要预钻孔，再采用旋紧的方法固定，严禁将五金件直接敲击进入防腐木中，这将会大大降低螺丝的紧固能力，导致后期防腐木出现变形、松动等。

除了上述一般性的指导，具体的安装过程可能会根据具体的项目和使用的五金件而有所不同，具体情况如下：

与地面连接的龙骨（钢龙骨或木龙骨）　一般用不锈钢或热镀锌膨胀螺栓固定，在地面预先钻孔，孔径比螺栓直径小2～3mm，然后用电动工具旋紧，螺栓帽头与龙骨面持平。

地板与龙骨间（钢龙骨或木龙骨）　用合适的金属螺丝连接，先在木板上合适位置预钻孔，孔径比螺丝直径小2mm，用专用电动工具旋紧，帽头与地板齐平即可。

立柱安装　需要用到金属角码或钢套，在预留的螺丝孔位，将螺丝拧紧。

（二）

分析　防腐木的检测与

125 **防腐木有哪些检测项目？一般送检是检测什么指标？**

防腐木检测主要是对防腐木的质量指标进行检测，以确保防腐木的使用安全和耐久性，检测指标主要包括载药量和透入度。

载药量检测　即检测木材中防腐剂含量，以每立方米木材中防腐剂有效成分的质量计，单位为 kg/m^3，是确保防腐木性能最重要的指标。载药量符合相关标准是确保防腐木性能最重要的指标。载药量检测按 GB/T 23229—2023《水载型木材防腐剂分析方法》的规定进行。检测步骤主要包括试样前处理获得待检测药液、采用相应分析方法检测药液浓度以及计算防腐木载药量。其中，防腐木中铜、铬、砷含量的测定采用原子吸收光谱法；防腐木中DDAC和BAC的测定可采用滴定法或高效液相色谱法；防腐木中戊唑醇和丙环唑的测定采用高效液相色谱法；防腐木中硼的测定采用等离子原子发射光谱法（ICP）。具体测定步骤及条件可详细阅览相关标准。

国家标准GB/T 27651—2023《防腐木材的使用分类和要求》中对各种药剂的各等级载药量有明确的规定，主要的防腐剂各载药量要求见表3-3。

表3-3　常用防腐剂不同使用等级载药量要求　　　　　　　单位：kg/m^3

名称	有效成分	C1	C2	C3.1	C3.2	C4.1	C4.2	C5
硼化物	三氧化二硼	2.8	4.5	/	/	/	/	/
ACQ-2	氧化铜、DDAC	4.0	4.0	4.0	4.0	6.4	9.6	24.0
ACQ-3	氧化铜、BAC	4.0	4.0	4.0	4.0	6.4	9.6	/
CA-2	铜、戊唑醇	1.7	1.7	1.7	1.7	3.3	5.0	/
CA-3	铜、丙环唑	1.7	1.7	1.7	1.7	3.3	5.0	/
CA-4	铜、戊唑醇、丙环唑	1.0	1.0	1.0	1.0	2.4	5.0	/
CA-5	铜、环丙唑醇	1.0	1.0	1.0	1.0	2.4	5.0	/
CA-6	铜、己唑醇	1.0	1.0	1.0	1.0	2.4	5.0	/
微化铜唑（MCA-4）	铜、戊唑醇、丙环唑	1.0	1.0	1.0	1.0	2.4	5.0	/
铜铬砷（CCA-C）	氧化铜、三氧化铬、五氧化二砷	/	/	/	/	6.4	9.6	24.0
CuHDO	氧化铜、硼酸、HDO	3.3	3.3	3.3	3.3	/	/	/
柠檬酸铜（CC）	氧化铜、柠檬酸	4.0	4.0	4.0	4.0	6.4		
戊唑醇/丙环唑（PT）	戊唑醇、丙环唑	0.20	0.20	0.20	0.28	/	/	/
戊唑醇（TEB）	戊唑醇	0.24	0.24	0.24	0.32	/	/	/
己唑醇（HEX）	己唑醇	0.060	0.060	0.060	0.080	/	/	/
环丙唑醇（CY）	环丙唑醇	0.060	0.060	0.060	0.080	/	/	/
三唑醇	三唑醇	0.070	0.070	0.070	0.090	/	/	/
丙硫菌唑	丙硫菌唑	0.20	0.20	0.20	0.28	/	/	/
DCOI	DCOI	0.30	0.30	0.30	0.40	/	/	/
8-羟基喹啉铜（Cu8）	铜	0.32	0.32	0.32	0.32	/	/	/
环烷酸铜（CuN）	铜	/	/	0.64	0.64	0.96	1.2	/

注：/表示不建议使用。

透入度检测　即防腐剂在木材中的渗透程度检测，包括防腐剂透入木材的深度和防腐剂在边材的透入率以及对心材的透入度要求。通常边材用透入率表示，防腐剂（有效成分）渗透到木材边材中的深度与木材（同侧）边材的总深度之比，以％表示，心材对C3.2等级以上使用环境有具体透入度要求（表1-7）。

此外，防腐木也是木材，有时需要根据用途对其进行物理力学性能检测，包括防腐木材的强度、硬度、弯曲性能等，确保木材在使用中具有足够的抗压和抗弯能力。极少数情况，防腐木送检是要求检测耐腐性能的。一般根据国家标准GB/T 13942.1—2009《木材耐久性能　第1部分：天然耐腐性实验室试验方法》进行实验室测试。

防腐木检测应由专业的检测机构或有经验的专业人员操作，根据相关的标准和规范进行。这样可以确保检测结果的准确性和可靠性，并帮助确定防腐木材的质量和性能是否符合预期。

126 如何检测防腐木透入度？

木材防腐剂在木材中的存在往往无法直接用眼睛判断，常采用显色法或仪器分析法进行判断。显色法一般用直径5mm或10mm空心钻或生长锥取样，通过化学显色剂处理防腐木切面，和木材防腐剂中的某种成分发生反应而呈现颜色变化，从而显示防腐剂的存在，以此测量防腐剂透入度。不同的防腐剂其成分不同，需要有不同的显色剂。通常有铜、硼、铬等显色剂配方，需要根据实际需要自行配制。CCA、ACQ、CA防腐木含铜木芯部分滴加或喷洒显色剂后显示深蓝色，含硼木芯显示红色。或将显色剂喷到新锯开的木横截面上，木材颜色显示深蓝色或红色，根据显色部分的深度判断防腐剂在木材中的透入度。

图3-4是经过显色处理的含二价铜防腐木的横断面。蓝色显示的是防腐剂渗透部分，红色是防腐剂没有渗透部分。中间心材没有完全渗透，而有树皮覆盖部分药剂无法进入，形成两个无防腐剂渗透区。

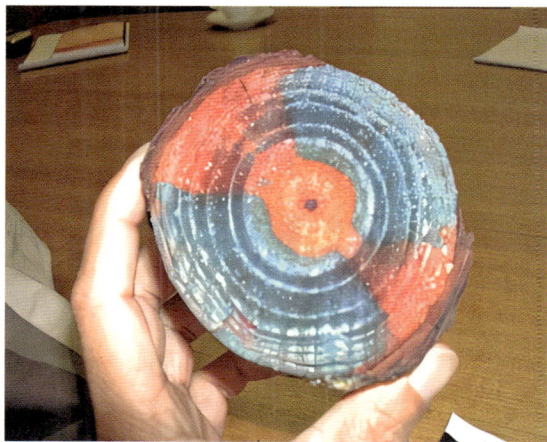

图3-4　防腐剂透入度检测的显色法

127 测定含铜防腐剂透入度有哪些显色方法？

测定含铜防腐剂透入度的显色方法有铬天青法和红氨酸法。

铬天青法　步骤如下：

（1）试剂配制　将0.5g铬天青S和5.0g乙酸钠放进80mL水里，全部溶解后加水稀释到300mL。

（2）显色　将试剂溶液喷在防腐木试样的新鲜切口或者钻取的木芯表面（图3-4），几分钟后表面逐渐干燥，有防腐剂的部分呈现深蓝色，显示铜的存在。测量木材表面到蓝色显示的深度即表示防腐剂透入度。

显色后防腐木渗透的情况有：边材部分渗透，心材未渗透（图3-5A）；边材全渗透，心材部分渗透（图3-5B）；边材、心材全渗透（图3-5C）。

图3-5 含铜防腐剂显色反应

红氨酸法 步骤如下：

（1）试剂配制 分别配制溶液1,将0.5g红氨酸（二硫代草酰胺）溶解在100mL乙醇中；溶液2,将5g乙酸钠溶解在100mL蒸馏水中。

（2）显色 先用溶液1喷在防腐木试样须测试部分的表面（切口平面或木芯圆柱面），待稍干后喷溶液2。出现深绿色反应则显示铜的存在，非渗透部分木材是浅黄色。

两种方法的选择 铬天青法对含铜浓度大于25mg/kg时很灵敏，对于含铜量约25mg/kg的浓度，红氨酸和铬天青两种方法灵敏度相近。对于新鲜处理材，铬天青是首选试剂，因为它与铜有强烈的反应。红氨酸则对铜更有特效，而且不易受到其他反应的干扰。因此，红氨酸是测量那些已用在与地面接触一段时间的木材中CCA渗透量的首选试剂。

128 测定硼类防腐剂透入度的显色方法是什么？

测定硼类防腐剂透入度采用姜黄粉显色法，步骤如下：

（1）试剂配制 分别配制溶液1,用天平称取10g姜黄粉放入装有90g乙醇的烧杯中充分混合，过滤倒入另一烧杯中得到清澈溶液，装入小口试瓶中备用；溶液2,将20mL的浓盐酸慢慢滴入50mL的乙醇中，再加入乙醇稀释至100mL，然后加入水杨酸至饱和（即水杨酸不再溶解，大约100mL中加入13g水杨酸）。注意：浓盐酸加入不能太快，更不能将乙醇加入盐酸中。

（2）显色 将溶液1喷涂于测试木材表面，或者用滴管将之滴在处理表面亦可。表面处理后经过几分钟使其变干。同样方法将溶液2用在已经被溶液1染成黄色的区域。要仔细观察颜色的变化。颜色会在应用溶液2后的几分钟后出现。有硼存在的区域，黄色的姜黄粉会变成红色，显示出硼的渗透深度。

在应用试剂后，将木材放在烘箱稍加热可加速和加强颜色的反应，以便更好地显示防腐处理材和非处理材（图3-6）。

做渗透深度显色测试的试样应该在表面喷涂前干燥，否则测试不符合要求。其中一个光滑的表面比一个粗糙的表面能更清楚地显示测试结果。

硼在木材中的渗透过程中也存在扩散。尤其是木材含水率较高时，从高浓度区域向低浓度区域扩散会持续进行，所以显色处理显示硼的边界有时不明显。

图3-6　显色前后硼类防腐木渗透情况（左、中为硼类防腐木显色渗透的情况，右为未显色木材）

129 如何用显色法判断松木的心边材？

当松木心边材颜色分界不明显时，可通过以下方法显色判断：

配制溶液 A　邻甲氧基苯胺盐酸盐溶液，称量8.5g浓盐酸（37%）；用水稀释制成495g溶液；加入5g邻甲氧基苯胺，搅拌直至完全溶解。

配制溶液 B　10%亚硝酸钠，将50g亚硝酸钠溶于450g水中。

为了延长保质期，溶液A和溶液B都应存放在冰箱或其他阴凉、黑暗的地方。在这种条件下，存储寿命超过一个月。这两种溶液的混合物放置数日后仍可以使用，但在使用前必须过滤。指示剂的混合物可通过喷洒、滴管或刷涂的方式使用。一般来说，几分钟后，心材通常会呈现红色或红橙色或黄红色。在某些情况下，显色可能需要几分钟以上。颜色通常是明亮的，但强度和亮度以及颜色本身可能会随着心材木芯的长度而变化。当指示剂应用于边材时，边材通常保持均匀的淡黄橙色，指示剂会被木材吸收。光滑的表面比粗糙的表面效果更好。加热可以用来加速指示剂与木材的反应。但是，应避免过热而可能导致的指示剂变质，标志是形成均匀的暗红褐色。应在良好的光线下查看颜色。在某些情况下，松木心材的木材似乎对该指示剂反应不佳。除了明显的心材的外观，其他物理特性可用于帮助判断心材中的木材是心材还是与心材相似的木材。在心材/边材指示剂涂抹到同一表面之前，涂抹铬天青渗透指示剂溶液会干扰显色反应，可能会给出错误的心材指示。如果在心材/边材指示剂之后使用，铬天青指示剂是准确的。

130 防腐木载药量总量达到或超过标准要求值，各成分含量或比例偏差允许的最大值是多少？

防腐木检测中，对于载药量的总量和各成分的含量或比例，是否合格需要参考GB/T 27651—2023《防腐木材的使用分类和要求》来确定。载药量的总量应达到或超过标准要求值，而各成分的分含量或比例应在规定的容许范围内。各有效成分的载药量要求如下：

ACQ防腐剂　各有效成分的载药量应不低于GB/T 27654—2023《木材防腐剂》中各有效成分比例计算载药量值的80%。

CA、PT、CuHDO、CCA防腐剂　各有效成分的载药量应不低于GB/T 27654—2023《木材防腐剂》中各有效成分比例计算载药量值的90%。

131 ▸ 防腐木的载药量越高越好吗？

防腐木的载药量并不是越高越好，而是需要根据具体情况和需求来确定。防腐木的载药量是指防腐剂在一定体积木材中的质量，单位是kg/m^3，按标准规定的载药量可以提供足够的防腐保护效果。适度提高载药量可增强防护效果，但大大提高了防腐剂的成本；凡事过犹不及，过高的载药量可能会导致一些问题，如木材变脆等，也可能对环境造成负面影响，因此需要平衡防腐效果与经济性、可持续性之间的关系。

选择适当的载药量需要考虑以下两点：

（1）防腐等级要求　不同的使用环境和条件对防腐木的防腐等级有不同的要求，根据相关的标准和规范确定载药量为基准即可，一般以超过标准值10%～20%为宜。

（2）木材品种　不同的木材品种材质差异大，因此需要根据具体的木材品种进行适当的调整，如毛白杨等不耐久杨木在C4.1等级使用条件时，应满足C4.2等级载药量和透入度的要求，且防腐处理的杨木不得用于C4.2及C5等级的使用条件。

132 ▸ 同一批次的防腐木，药剂浓度、处理工艺和材种都相同，但不同的检测机构检测数据偏差较大，原因是什么？

在药剂浓度、处理工艺和材种相同情况下的同一批次防腐木，载药量的检测结果应该一致（允许误差存在，出现较小差异是完全正常的）。如果同一批次的防腐木在不同的检测室中产生较大的检测数据偏差，可能产生的原因如下：

检测设备差异　不同的检测室可能使用不同的检测设备，如仪器的精度、检测方法的标准化程度等因素不同，都可能导致检测结果的偏差。

检测方法的差异　因为对防腐木中防腐剂的检测在标准中提供了多种方法，不同的检测机构可能在选择检测方法时存在差异，不同的方法可能会有不同的灵敏度和准确性，这可能会导致得出不一致的结果。

操作人员的技术水平和经验　不同的检测室中的操作人员的技术水平和经验不同，如样品准备、仪器操作等方面的差异，可能会影响到检测结果的准确性。

样品处理过程造成差异　防腐木检测涉及从木材中取样，以及试样制备、提取等预处理，这些过程因不同的人员处理会造成偏差，这些差异也可能影响检测结果的准确性。

样品本身存在差异　防腐剂在木材端头和中间部位含量并不是完全一致，因此检测时的取样位置不同，会导致检测结果的差异，这也是造成检测结果不一致最普遍的因素。另外，委托方是将同一批产品送到不同检测结构，但同一批样品可能防腐处理时存在不同的吸药差异，这也可以导致检测结果的差异。

133　防腐木抽样检测时应如何操作？国家检测机构CMA和CNAS资质分别代表什么意思？

防腐木抽样检测时需要注意抽样方式、抽样数量和取样位置。

抽样方式　防腐木检测时应采取随机抽样方式。

抽样数量　检测样本数量的确定，以每罐防腐处理中相同树种、相同厚度的木材为一批。每批木材处理量<5m³，抽取5个样本；每批木材处理量≥5m³，抽取10个样本。

取样位置　检测样本应在木材长度方向的中部取样，因此对于规格较大的防腐木，应在保持宽度和厚度不变的情况下，截取中部一段取样。确定检测具体位置时应避开节疤、开裂和应力木。确定位置后，横截木材取中间一段木块或用空心钻钻取木芯。

其他信息　同时对其标记进行登记和检测，标记中包含的树种信息、防腐剂种类、使用等级等，也是检测时必不可少的信息，如果检测出来的信息与标记不一致，也应判定为不合格。

国家检验检测机构资质说明：

CMA　检验检测机构资质认定标志，由 China Inspection Body and Laboratory Mandatory Approval 的英文缩写 CMA 形成的图案和资质认定证书编号组成，是政府授权的行政认证，具有强制性，也是从事第三方检测的准入门槛，由国家认证认可监督管理委员会或各省市市场监督管理局颁发。

CNAS　中国合格评定国家认可委员会（China National Accreditation Service for Conformity Assessment，CNAS），是根据《中华人民共和国认证认可条例》《认可机构监督管理办法》的规定，依法经国家市场监督管理总局确定，从事认证机构、实验室、检验机构、审定与核查机构等合格评定机构认可评价活动的权威机构，负责合格评定机构国家认可体系运行。CNAS 为机构的自愿行为，适用于所有从事实验室活动的组织，包括第一方、第二方、第三方实验室和企业，甚至个人实验室等，证书由中国合格评定国家认可委员会颁布。

134　如何查询防腐木检测报告的真伪？

查询防腐木检测报告的真伪可以按照以下步骤进行：

确认报告来源　首先要确认报告的来源是否为正规的、可靠的检测机构或实验室。可以通过查询相关机构的官方网站、联系方式或相关资质认证信息来核实其合法性和信誉度。

检查报告的基本信息　仔细检查报告上的基本信息，包括检测机构的名称、地址、联系方式、检测日期等，确保这些信息与实际情况一致，有助于验证报告的真实性。

核对报告编码　检测报告通常会有唯一的报告编码或编号，可以通过检测机构提供的查询系统或售后服务，通过报告编码来查询和验证报告的真实性。有的检测机构出具的报告首页附有二维码，通过扫描二维码可核实报告的真实信息。

关注报告内容和格式　仔细查看报告的内容和格式，确保其符合相关的行业标准和规定，防腐木检测指标一般就是载药量和透入度。如果报告内容模糊、不详细或与实际情况明显不符，可能存在问题。

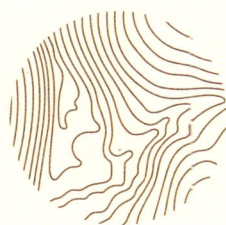

使用维护篇

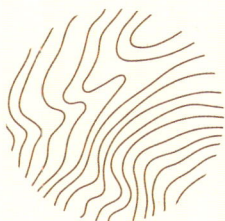

135 防腐木的搬运应注意哪些事项?

搬运防腐木产品时不得在地面上拖拽,允许使用吊钩、吊杆、吊索、吊钳和起重装置搬运防腐木产品。所有由搬运造成的未防腐处理部位暴露的损伤,应进行现场补救处理。防腐处理后的桩木可以使用尖头工具搬运,但受力点距离桩端不得超过1.5m。杆木如果因装载或绳索搬运而产生凹槽,凹槽深度应不超过周长的20%并占据杆木周长的6mm以下,或者在任何点处深度应不超过13mm。其他因叉车或链锯等造成的凹痕或磨损,不得超过杆木直径的十分之一,最大不超过25mm。

136 防腐木的储存应注意哪些事项?

防腐木在储存过程中,应堆放在经过防腐处理或不会腐坏的垫条上,以支撑材料并避免明显的变形,同时在材料下方留出空隙,一般要求离地15cm。储存区域应该清除可能造成火灾的杂物、腐朽木材和植被,并且配备良好的排水系统,以防止防腐木接触积水。经过防腐处理的木材在完成干燥后应储藏在室内或用防潮膜包覆(图4-1、图4-2)。

图4-1 防腐木堆放

图4-2 防腐木储存

137 防腐木现场加工有哪些要求？

一般要求防腐木所有的切削、钻孔、倒角、修边、榫槽、刻痕、磨削或修整工作应在进行防腐处理之前完成。若需要在防腐处理后进行加工，应进行现场补救处理。当锯材或原木用作柱子时，应使用未经修整的末端与地面接触。有的围栏柱仅部分刻痕以提高横向渗透，刻痕面应在地上。地上端如果进行修整加工，应进行现场防腐补救处理。杆木一般禁止进行现场加工（图4-3）。

如果需使用混凝土将防腐木柱固定在地下，不能用混凝土为木柱做"靴子"，因为这会使木柱底部长时间保持湿润，增加腐朽风险。可在柱子底添加150mm的砾石以进行排水。如果用混凝土回填，则需将混凝土水平面修整到地面以上，并使混凝土顶面倾斜，以利于水从木柱上排出（图4-4）。

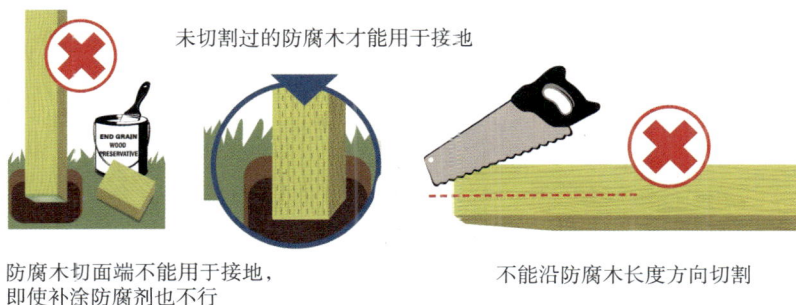

图4-3 防腐木的现场加工要求

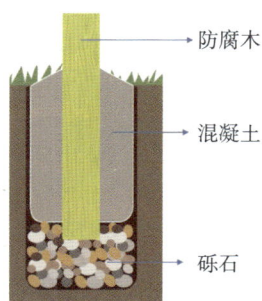

图4-4 混凝土固定防腐木的要求示意

138 防腐木现场加工后如何进行补救处理？有哪些防腐剂可用于防腐木现场加工补救？

所有可能造成防腐处理区域的切口、孔洞和损伤都需要进行现场防腐补救处理，如由于拔除钉子造成的孔洞或磨损、二次切割遇到含有心材的防腐木因为心材不易渗透而切口端头露白的情况等。所有加工后暴露出来未渗透防腐剂的木材，建议采取以下措施来保护木材并维持防腐效果：

重新涂刷防腐剂 如果现场二次加工导致防腐木防腐层受损，可以考虑重新涂刷防腐剂工作液。在露白的部分涂刷高浓度相同的防腐剂，反复涂刷，至少3次，确保充分覆盖木材表面。或者选择与原先使用的防腐剂相兼容的产品，并按照生产商的建议进行处理，一般涂刷至少两层或加上防水盖（图4-5）。注意不可使用过量。在产品应用之前应清除表面没有被吸收的多余防腐剂。在施工过程中，用于结构应用的锯材、原木和甲板板材在切割或钻孔时应对所有切割表面进行现场处理。地基桩被截至地平面或接近地平面的部分，将会被混凝土帽封顶，并使用足量环烷酸铜溶液进行处理，直到环烷酸铜不再进一步渗透为止。该截面是混凝土台向木桩的重要应力传递点。环烷酸铜溶液铜浓度应不低于2.0%。

表面保护或端头封闭 使用透气性的涂料、清漆或其他木材保护涂料，以保护木材表面免受湿气、阳光和其他环境因素的侵害。使用密封剂或防水油漆等材料封闭木材端头，以防水和防潮。这有助于减缓木材端部露白部分的腐朽。暴露于恶劣天气的海洋桩木应使用永久性的涂层，如环氧树脂，或在桩上加盖锥形帽或其他防水帽（图4-5、图4-6）。支撑木结构的木桩，其切口处用环烷酸铜进行处理，直到明显不再进一步渗透为止外，应在木桩的侧面贴覆一层适当的材料，至少贴覆2.5mm并牢牢固定，并用G20规格（直径为20mm)或更厚的镀锌金属或铝板完全覆盖。所有因去除贯穿防腐处理区域的钉子而产生的切口、损伤和孔洞以及连接节点的螺栓孔，应使用煤焦油屋面混凝土进行处理。

定期检查和维护 对于经过二次加工的防腐木，建议定期检查木材表面和防腐层的状况，及时进行维护和修复，确保其防腐效果长时间有效。

现场处理的防腐剂体系应由最初用于处理产品的防腐剂类型和现场处理防腐剂的适用性来确定。由于许多防腐木没有供公众参考的包装和标签，因此现场处理可能需要采用与原始处理不同的防腐剂体系。用户在使用这些材料时，应仔细阅读并遵循产品标签上列出的使用说明和注意事项。以下指定的防腐剂可用于现场处理：

环烷酸铜 对于最初用环烷酸铜或水载型防腐剂处理的材料，建议使用铜浓度不低于2.0%的环烷酸铜防腐剂。在那些高浓度防腐剂不易获取的地区，可以使用铜浓度不低于1.0%的环烷酸铜防腐剂。

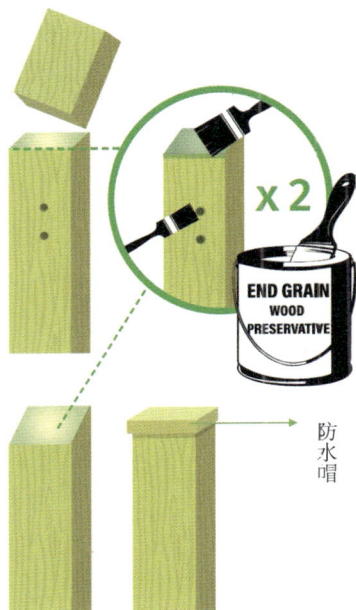

图4-5　防腐木现场加工后的
补救处理示意

图4-6　防腐木扶手上的防水帽

无机硼　无机硼类防腐剂限于在不与地面和液态水接触的环境中使用，只要满足这个条件，它可用于原来所用任何水载型防腐剂处理的防腐木的现场处理。溶液的最低浓度应为1.5%（以B_2O_3计算）。

8-羟基喹啉铜　浓度不低于0.675%的8-羟基喹啉铜（含铜0.12%），推荐在地上环境中使用，可用于最初使用环烷酸铜处理的材料的现场处理。在某些特定场景，含有防水剂的8-羟基喹啉铜防腐剂表现更出色。

139▶ 防腐木的施工工程一般规定有哪些？

防腐木施工工程一般规定如下（图4-7）：

（1）应制定施工质量责任制度、相应的管理制度和工程质量检验制度。

（2）应根据材料分类和清单做出材料计划，防腐木的树种、规格、使用分类、质量应符合设计文件要求。

（3）工程需要其他施工单位配合，且需预留或预埋部分时，应提前与其他施工单位衔接或作出书面说明。

（4）防腐木处理、加工和安装的作业人员应戴口罩和手套等防护用品，作业后应用肥皂水清洗脸、手、脚等皮肤暴露部位。

（5）防腐木入场后应按品种和尺寸分类整齐存放于通风、干燥处，并应做好标识。转运过程中应避免摔、扔等剧烈碰撞。

图4-7　防腐木工程施工现场

（6）木构件或木制品应在防护处理前完成加工制作、预拼装等工序；经防腐剂处理后不宜进行锯解、刨削等加工。确需再加工时，其切割面、孔眼及运输吊装过程中的表皮损伤应采用喷洒法或涂刷法进行防腐修补处理。

（7）防腐木表面宜用耐候型涂料进行保护性涂刷。

（8）防腐木工程完工投入使用后，应定期检查，木材表面损伤暴露部位应及时涂刷防腐剂原液。

（9）使用中的防腐木建筑物或构筑物应定期维护，可使用户外型的木材水性涂料或油性涂料涂刷。

（10）用水载型防腐剂处理的木材，油漆时其木材含水率应与所在地的平衡含水率一致。用油溶性防腐剂处理的木材，油漆前防腐木内的溶剂应已完全挥发。

（11）施工过程中剩余的防腐木及废弃物应回收并集中处理，严禁随意丢弃或焚烧。

（12）有回收利用价值的防腐木，其储存、保管应符合现行国家标准GB 22280—2008《防腐木材生产规范》的有关规定。

140 防腐木的施工注意事项有哪些？

除了防腐木施工工程的一般规定之外，防腐木施工尤其需注意以下几点：

核对防腐木的使用分类等级　仔细按照设计要求，核对防腐木的使用分类标识，确保使用分类安装正确，如果低级高用，则可能带来后期腐朽风险。

戴好防护装备　在施工过程中，工人应该佩戴适当的防护装备，包括手套、护目镜和口罩等，以防止防腐木的处理药剂对皮肤和呼吸系统的刺激。但在使用电锯、电钻等旋转工具时，严禁戴手套。

施工环境通风良好　防腐木所用处理液可能含有挥发性物质，因此在施工时要确保施工区域通风良好，以减少有害气体的积聚。

使用专业工具　使用专业工具来加工和安装防腐木，确保木材的切割和钉子的安装符合要求，以避免损坏木材的防腐层。

避免二次加工　应该尽可能使用防腐木现有的尺寸，如需二次切割、钻孔等加工，必须使用合适的防腐剂进行涂刷补救，以保证防腐木的使用寿命；在需制作和穿孔时，应先用电钻打眼，然后用螺丝等固定，以免造成人为的开裂。

防腐木连接方式　选择合适的连接方式，使用不锈钢或热浸镀锌的螺栓、螺丝等连接件，以防止金属部件生锈腐蚀。

避免剧烈的气候影响　避免在极端天气下施工，如强烈的阳光、大雨或大雪等恶劣气候条件下施工，以免防腐木施工安装后出现较大的变形和开裂。

废弃物处置　施工时剩余的防腐木不能直接燃烧，应统一回收并按照废弃物处置规则进行处理。

具体的防腐木施工注意事项还需根据项目的具体要求和当地的环境条件进行调整。不管施工人员还是工程质量都要保证安全第一。

141 防腐木施工时的含水率范围是多少？

通常情况下，防腐木的含水率应该在16%～20%。这个范围被认为是适当的，能够使防腐木在不同气候条件下保持相对稳定的尺寸。如果含水率太低，木材可能会变得过于干燥，导致开裂和变形。如果含水率太高，木材可能会膨胀导致变形和稳定性问题。

在户外使用，药剂固化完成后就可以安装，但在安装时需注意，含水率偏高的木材不留缝，含水率低的木材要留出伸缩缝的空间，不同的含水率，应留出合理的伸缩缝，一般是板宽的3%～5%。

在防腐木的施工和安装过程中，建议在木材安装之前确保木材的含水率处于适当的范围内。

142 如何选择防腐木的规格？

防腐木有不同的规格和尺寸，包括长度、宽度和厚度。在选择和使用防腐木时，建议咨询专业人士的意见，以确保选择的材料符合项目需求并能够在特定环境中保持良好的性能。樟子松的规格比较多，欧洲赤松、南方松和辐射松的规格尺寸见表4-1～表4-3。厚度80mm及以上的为胶合防腐木；长度从2.4m开始，每300mm为进级，最长可至6m。

表4-1　欧洲赤松常见规格参考　　　　　　　　　单位：mm

序号	常用规格	主要用途	序号	常用规格	主要用途
1	21×98	地板、屋面、挡板	13	72×198×4000	地板、梁、扶手
2	28×98×4000	地板、扶手、桌椅	14	60×198×4000	扶手、梁
3	21×123×4000	地板、屋面、挡板	15	72×72×4000	龙骨、栏杆、桌
4	28×123×4000	地板、封板	16	72×148×4000	花片、斜梁、地板
5	36×123×4000	龙骨、护栏、地板	17	80×180×4000	花片、斜梁
6	48×98×4000	龙骨、栏杆、地板	18	95×95×4000	柱、梁、龙骨
7	48×48×4000	龙骨	19	100×200×4000	柱、梁
8	48×123×4000	地板、梁、扶手	20	100×150×4000	斜梁
9	48×148×4000	地板、梁	21	120×120×4000	柱、梁
10	48×73×4000	龙骨、栏杆	22	145×145×4000	柱、梁
11	60×123×4000	地板、梁、扶手	23	195×195×4000	柱、梁
12	60×148×4000	地板、梁、扶手			

表4-2　南方松常用规格参考　　　　　　　　　单位：mm

序号	常用规格	主要长度
1	25.4×89	1830、2440、3050、3660、4270、4880
	25.4×140	1830、2440、3050、3660、4270、4880
2	38×89	2440、3050、3660、4270、4880
	38×140	2440、3050、3660、4270、4880
	38×184	3050、3660、4270、4880、5490、6100
	38×235	3660、4270、4880、5490、6100
3	89×89	3050、3660、4270、4880
	89×140	3050、3660、4270、4880
	89×184	3050、3660、4270、4880
4	140×140	3050、3660、4270、4880
5	203×203	3050、3660、4270、4880

表4-3　辐射松常用规格参考　　　　　　　　　　　　单位：mm

序号	常用规格	主要用途（长度）
1	22×95（125、145）	2400及以上，300进级
2	32×95（125、145）	2400及以上，300进级
3	37×95（125、145）	2400及以上，300进级
4	50×95（125、145）	2400及以上，300进级
5	45×150	4000
6	32×200	4000
7	38×200	4000
8	50×200	4000
9	定制	

143　房屋建筑工程中如何选择防腐木？

房屋建筑工程中防腐木可用于木柱、木梁、木龙骨、墙骨、户外用木板和地板、外墙挂板、外立面墙的门和窗框木料、封檐板、屋面板、挂瓦条和木瓦等。防腐木选择应符合下列规定：

（1）应确定防腐木使用环境的腐朽和虫蚁危害程度级别。

（2）应根据木材在房屋建筑中使用的部位确定防腐木使用环境分类。

（3）外墙挂板宜选用易进行防腐处理的木材。

（4）材质等级应符合现行国家标准的规定。

144　防腐木立方数和平方数的快速换算方法是什么？

一般防腐木规格是指厚度×长度，购买时按照材积计算，而施工往往算面积，所以可按照以下方法快速换算：平方数=立方数（立方米）/木材厚度。

例如，买了1m³ 25mm×100mm的木材，那么平方数为1/25×1000=40m²。当然在实际购买和换算时，应适当计算损耗。

145　木材材积单价与地板平方单价的换算方法是什么？

要将木材材积单价与地板平方单价进行换算，需要了解两者之间的关系。通常，木材的材积单价是指每立方米的木材价格，而地板平方单价是指每平方米的地板价格。

如果已经知道了木材的材积单价（单位是每立方米的价格），而想将其转换为地板平方单价（单位是每平方米的价格），可以使用以下方法换算：

假设，木材的材积单价为 P 元 $/m^3$，地板的厚度为 H m，地板的平方单价 V（每平方米的价格）可以通过 $V=P\times H$ 计算。这是因为地板的体积等于其面积乘以厚度，而单位面积的价格乘以厚度就得出单位体积的价格。

例如，$1m^3$ $25mm\times100mm$ 的地板单价是4000元 $/m^3$，其平方单价 $=4000\times25/1000=100$ 元 $/m^2$。

如果已知地板的平方单价，而希望将其转换为木材的材积单价，则可以使用以下方法换算：

假设，地板的平方单价为 Q 元 $/㎡$，地板的厚度为 H m，木材的材积单价 P（每立方米的价格）可以通过 $P=Q/H$ 计算。这是因为单位面积的价格除以厚度就得出单位体积的价格。

146 木材材积单价与延米单价的换算方法是什么？

每延米单价=材积单价 × 横截面积。

矩形横截面：如果物体的截面是矩形，横截面积（A）等于长度（L）乘以宽度（W），即 $A=L\times W$。

若按照规格计算，延米单价=材积单价 × 厚度 × 宽度 $/10^6$。

例如，$1m^3$ 的 $25mm\times100mm$ 的材料单价4000元 $/m^3$，则延米单价 $=4000\times25\times100/10^6=10$ 元 $/m$。

147 如何计算防腐木表面的涂料用量及折算到表面积的单价？

每平方米耗用量=涂刷的单位面积使用的涂料用量。

单价的计算：获取涂料的总成本。这可能包括购买涂料的总费用，包括人工费、辅料费及税费等。

每平方米的涂刷成本的计算：每平方米涂刷成本 = 总成本/涂刷的总面积。

例如，$80\sim100g/m^2$，1L油漆可涂刷 $10\sim12m^2$（展开面积，一遍），如果是6面涂刷一遍（4面+2个端面），折算到单个大面的表面积为 $4\sim4.8m^2$。因此单位表面积的油漆单价 ≈ 1L的油漆单价/10，6面涂刷时单位表面积的油漆单价 ≈ 1L的油漆单价/4。以上不包括人工费。

148 户外防腐木地板如何选龙骨？龙骨需要防腐吗？龙骨和地板可以是不同的树种吗？

龙骨是指截面为长方形或正方形的用于支撑或固定地板作用的铺装材料。一般有不锈钢龙骨、热镀锌龙骨、防腐木龙骨等。

户外木龙骨通常需要防腐处理，以增加其耐久性，防止木材受到户外水分和昆虫侵害而腐朽虫蛀；悬空的龙骨应选择C3等级及以上防腐处理，与地面接触的应选择C4等级防腐处理。选择适当的木材和进行有效的防腐处理是确保木栈道长时间使用的关键。

在龙骨尺寸设计上：常规铺实地龙骨的尺寸厚度30～50mm，宽度50～60mm，而采用混凝土、钢结构、岩石或其他坚硬材料等作基础的木栈道，作为不落在实地的隔栅龙骨的防腐木，断面尺寸不应小于60mm×80mm。

另外，悬空的龙骨需以强度为依据，满足负荷设计要求。

龙骨和地板通常可以使用不同材种，这取决于具体的项目和设计需求。以下是相关的考虑因素：

耐候性　户外木材需要具有较强的耐候性，能够抵御阳光、雨水、寒冷和炎热等自然气候的影响。一些常用的户外木材包括柚木、红木、橡木、松木、榉木等，这些木材通常被用于户外环境，因为它们对气候和虫害的抵抗能力较强。

强度和稳定性　木龙骨需要具有足够的强度和稳定性，以支撑整个结构。这可能需要选择一种更坚硬、密度更高的木材。相比之下，地板所使用的木材可以更注重外观和舒适性，但仍需考虑耐久性。

颜色和外观　木材的颜色和外观也是选择的重要考虑因素。虽然不同的木材在颜色和纹理上有所不同，但在同一项目中，最好选择相似或协调的木材，以确保整体外观的一致性。

预算　不同种类的木材价格差异很大，因此预算也是一个需要考虑的因素。一些稀有或特殊处理的木材可能更昂贵。

防腐处理　户外龙骨最好选择防腐木，可选用防腐渗透性更好的树种，如辐射松、南方松。

149 户外防腐木地板的龙骨间距多少才合理，是否有标准？

栈道木龙骨的间距通常取决于多个因素，包括所用材料的类型、栈道的设计负荷、地面的稳定性等。目前并没有统一的标准规定栈道木龙骨的具体间距，很大程度上取决于具体的工程要求和设计标准。

一般来说，栈道木龙骨的间距应该足够合理，以确保栈道的稳定性和安全性。这需要结合实际情况来进行工程设计。在设计木栈道时，建议考虑以下几个因素：

材料强度　使用的木材种类和强度会直接影响龙骨的间距设计。一些较为坚固的木材可能允许更宽的间距。

负荷要求　考虑木栈道上的预期荷载，包括人流、设备或其他载荷。更大的负荷可能需要更密集的支撑间距。

地面条件　地面的平稳性和稳定性也是考虑因素之一。不同的地面条件可能需要不同的支撑结构。

当地法规和建筑规范　不同地区可能有不同的法规和建筑规范，这些规范可能对木栈道的设计和结构有具体的要求。

在进行木栈道设计时，建议咨询专业工程师或建筑设计师，以确保栈道的结构符合当地的法规和安全标准。他们可以根据具体情况提供最合适的建议，并进行必要的结构计算和分析。

户外防腐木地板的龙骨间距　一般规定350～600mm。可根据实际需要适当减小间距（如地板厚度减小），不建议增大，一般建议详见表4-4。

表4-4　防腐木龙骨铺设建议间距　　　　　　　　　　　　　　单位：mm

地板厚度	地板宽度	不同设计均布荷载的地板间距		
		2.0～3.0kN/m^2	3.0～4.0kN/m^2	4.0～5.0kN/m^2
25	95	400	350	300
	145			
28	95	450	400	350
	145			
38	95	550	500	450
	145			
48	95	650	600	550
	125			
	148			

150 **户外防腐木地板的龙骨大小有最低要求吗？端头接头处选用多大的龙骨合适？**

木栈道的龙骨大小通常会受到设计和结构要求的影响，而这些要求可能因地区、用途、预期负载等因素而有所不同。一般来说，木栈道的龙骨需要具备足够的强度和稳定性，以支撑行人或其他负载，同时要符合当地的建筑和安全标准。

对龙骨的最低要求可能包括龙骨尺寸、材料强度、连接方式等方面的规定。这些规定通常由建筑师、工程师或相关标准和法规来确定。

常规的不悬空使用的龙骨的尺寸厚度30～50mm，宽度50～60mm，地板越厚，龙骨就要越厚、越宽。

用于架空高度大于500mm而且需要承受主体力量的龙骨，可根据受力情况选用截面尺寸50mm×100mm、100mm×100mm、150mm×150mm的木龙骨或木梁。

在防腐木地板端头接头处龙骨的选择要考虑到提供足够的支撑和稳定性，以确保地板的耐久性和安全性。

一般而言，可以按照以下建议来选择合适的龙骨：

地板厚度　考虑防腐木地板的厚度，选择相应尺寸的龙骨。一般来说，地板越厚，需要的龙骨尺寸越大。

地板宽度　地板宽度也是一个重要的考虑因素。如果地板比较宽，可能需要更大的龙骨来提供足够的支撑。

安装环境　如果地板将用于承受较大的荷载或在潮湿的环境中，需要更坚固的支撑结构。在这种情况下，可能需要更大尺寸或更密集的龙骨。

151 户外防腐木地板的龙骨固定方法有哪些？选用哪种类型的螺钉固定更合适？

固定木龙骨的方法和选用的螺钉类型取决于具体的应用和结构设计。安装龙骨的地面一般至少有5cm厚的硬化，龙骨在混凝土基础上的固定方法宜采用膨胀螺栓或角铁。固定点应从龙骨端头100mm起开始固定。中间固定点间距不应大于800mm。龙骨安装的金属连接件宜采用防锈、防老化的材料，如镀锌或不锈钢材料、抗老化性能好的塑料膨胀螺栓或干燥后的防腐木销。地面为自然土层时，应先把土层夯实后插入木桩或先筑混凝土桩，并将龙骨固定在木桩或混凝土上。以下是一般情况下常见的木龙骨固定方法和螺钉选用建议：

木龙骨的固定方法

直接钉固定　使用钉子将木龙骨直接固定在支撑结构上。这适用于较轻的结构和低负荷的应用。

螺钉固定　使用螺钉将木龙骨连接到支撑结构。这种方法通常更牢固，适用于需要更强固连接的场合。

金属支架　使用金属支架将木龙骨连接到支撑结构上。这种方法可以提供额外的支撑和稳定性。

选用螺钉的类型

木螺钉　适用于木材结构，具有锋利的尖端和特殊的螺纹设计，有助于更容易穿透木材并提供牢固的连接。

自攻螺钉　具有预先钻孔的尖端，适用于较硬的木材，可以减少裂纹的产生。

螺丝钉 适用于需要较强的连接时，如连接木龙骨到金属支架时。选择适当的长度和直径以确保安全连接。

镀锌或不锈钢螺钉 如果木龙骨将暴露在户外或易受潮湿环境影响，选择具有抗腐蚀性能的螺钉，如镀锌或不锈钢螺钉，以防止生锈。

在选择螺钉时，确保了解木龙骨的尺寸和结构设计要求，并根据实际需要选择适当的固定方法和螺钉类型。最好遵循相关建筑规范和设计标准，以确保结构的安全性和稳定性。

龙骨常用螺钉如下：

户外用沉头混凝土螺纹自切锚栓 可用于开裂及非开裂混凝土、天然致密石材、实心砖、多孔砖等基材，适合安装栏杆、场馆座椅、电缆桥架、模板支撑、金属型材、木质构件等，尤其适用于户外露台木龙骨的安装（图4-8）。

图4-8 沉头混凝土螺纹自切锚栓

户外用敲击式锚栓 可用于混凝土、实心砖、多孔砖、加气混凝土，特别为户外露台木龙骨安装设计，是传统麻花钉加木榫安装工艺的更新换代产品（图4-9）。

图4-9 敲击式锚栓

152 在防腐木地板和龙骨间用木螺钉固定时，木螺钉的规格（直径和长度等）和种类应如何确定？木螺钉的长度如何选择？

以下是确定木螺钉规格和种类的一些建议：

直径和长度 通常，木螺钉的直径应该是地板龙骨孔的直径的2/3～3/4。这确保了足够的牢固性，同时避免在木材中开孔过大。钉子的长度应足够长，以便在穿透地板和搁架时提供足够的牢固性。通常建议的长度是地板和龙骨的厚度之和再加上2.5cm。

种类 用木地板专用螺钉。有些螺钉专门设计用于固定木地板。它们通常有平头，有助于确保地板表面平坦。

镀锌或不锈钢螺钉 这些材质的螺钉能够提供更好的抗锈蚀性，适用于地板安装，特别是在潮湿的环境中。

螺纹设计　选择有螺纹设计的螺钉，以确保更好的握钉力。部分螺钉还设计有自钻孔功能，能够在木材中轻松预先穿孔。

预钻导孔　在使用木螺钉之前，最好预先在地板上钻导孔。导孔直径应略小于螺钉直径，这有助于防止木材裂开。

距离　木地板与龙骨间采用木螺钉固定时，需注意钉与木地板端头的距离不宜大于5cm，否则地板易变形，同时钉距板宽边缘不宜小于3cm。

常见木螺钉种类如下：

不锈钢小沉头露台木螺钉（图4-10）

（1）适用场合：适用于有防腐要求的木制品连接场合；典型应用场合是户外防腐木露台地板与木龙骨之间的连接，属于明装系列。

（2）产品特点：采用双割尾设计，与传统割尾螺钉相比，有更好的旋入及防开裂性能；小沉头设计确保良好的头部埋入性能，带有刮削筋的唇边利于旋入深度的控制，专为露台安装场合优化；304不锈钢材质，具有优异可靠的防锈能力。

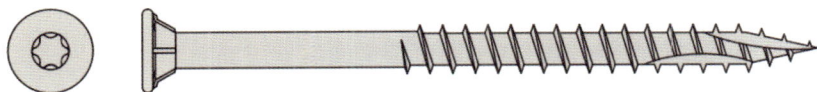

图4-10　不锈钢小沉头露台木螺钉

不锈钢大扁头露台木螺钉（图4-11）

（1）适用场合：适用于有防腐要求的木制品连接场合；典型应用场合是户外防腐木露台地板与木龙骨之间的连接，属于明装系列。

（2）产品特点：采用双割尾设计，与传统割尾螺钉相比，有更好地旋入及防开裂性能；大扁头设计能提供更美观的抛物形外露面，而且更容易控制旋入深度，不易出现头部埋入深浅不一的现象；304不锈钢材质，具有优异可靠的防锈能力。

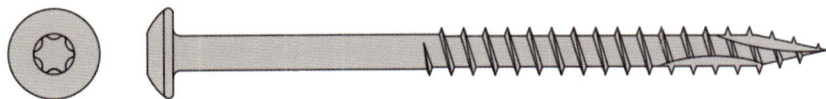

图4-11　不锈钢大扁头露台木螺钉

安装地板木螺钉的长度至少应保证螺钉穿过地板厚度后，嵌入龙骨的深度在25～50mm或者更深的范围，一般按照以下范围选择（表4-5）。

表4-5　地板螺钉长度选择　　　　　　　　　　　单位：mm

地板厚	螺钉长度	地板厚	螺钉长度
20以下	40～50	35～40	70～80
20～25	45～55	40～45	75～85
25～30	50～70	45～50	80～100
30～35	60～70		

153 防腐木地板宽度方向需要几颗木螺钉固定在龙骨上？木螺钉距离地板边缘多远比较合理？木螺钉用量如何计算？

一般常规需要2～3颗，具体的安装要求可能因地板类型、厂家建议、使用环境等因素而有所不同。板宽在150mm以内，离边缘30mm左右，一般2颗钉；板宽在150～200mm，离边缘40mm，一般3颗钉。

木地板安装时，使用木螺钉固定地板是常见的方法之一。确定木螺钉的使用量涉及几个因素，包括木地板面积、地板厚度、安装方法以及地板固定间距等。

以下是计算木螺钉用量的一般方法：

确定地板面积　测量房间的长度和宽度，然后将它们相乘，得到地板的总面积。如果房间有多个房间，则需要分别测量并计算每个房间的地板面积。

考虑地板的厚度　木地板的厚度会影响到螺钉的长度，确保选择的螺钉长度足够穿透地板并留有一定的深度固定到地板底部。

确定螺钉的固定间距　查看木地板的制造商建议的螺钉固定间距。通常，这个信息可以在地板包装或制造商的安装指南中找到。

计算木螺钉的使用量　将地板的总面积除以螺钉的固定间距，以确定需要多少螺钉。考虑到边缘和角落可能需要更多的螺钉，因此最好在计算中留有一些余量。计算方法为：螺钉用量=（地板总面积/螺钉固定间距）×余量系数。请注意，这里的"余量系数"是一个可以根据实际情况调整的值，以确保在安装过程中有足够的螺钉供应。

常规采用每平方米螺钉的使用量=1/龙骨间距/（板宽+板间距）×2。

例如，龙骨间距50mm，地板宽度145mm，地板间隙3mm，每平方米螺钉的使用量计算为：$1/0.50/(0.145+0.003)×2=27$ 粒/m^2。

再如，某场所选择的地板规格为3mm×10mm×400mm，数量为35件，安装时龙骨的中心间距为40cm，每个固定点为2颗螺钉，那么计算方法为：龙骨间距40cm，400cm每块地板的安装点为400/40+1=11个，每个安装点2颗，每块地板需要2×11=22颗，35块地板需要22×35=770颗，再考虑5%～10%的增加损耗余量，其螺钉用量应该在800～850颗。

154 防腐木地板用明钉好还是暗钉好？明钉安装时，钉帽高出还是低于木材表面更好？

防腐木地板的安装方式通常包括使用明钉、暗钉（包括侧钉或锁扣）。选择哪种方式主要取决于用户的审美喜好和实际需求。以下是考虑因素：

外观美观　明钉安装方式使得钉子在地板表面可见，这样可以形成一种传统、复古的外观。这种方式更加显眼，有些人喜欢这种独特的装饰效果。暗钉的方式使得地板表面看起来更加平整，整体外观更为现代和简洁。这是一种更为隐蔽的安装方式，使地板表面没有凸起的钉头。

安装难度　安装明钉相对更为简单，因为可以直接看到并定位到要打钉的位置。暗钉需要更多技巧，因为需要确保钉子被准确地埋在木板中，同时不损害木板表面。

维护和更换　明钉的优势之一是如果需要更换或者维修木板，较容易找到和取出钉子。暗钉安装的木板更难进行维修，因为需要找到并取出被埋在木板中的钉子。

成本　一般来说，明钉的安装成本较低，因为相对简单。暗钉的安装需要更多的工艺和时间，可能导致较高的成本。

稳固性　明钉稳固性更好。

明钉安装和拆卸方便，但安装时钉头不在一条直线上会影响美观；暗钉和侧钉在板面上看不出来，感觉较为美观，但安装效率不如明钉高，拆装或更换时也不方便；锁扣适用于厚度30mm以下的防腐木板，厚度超过30mm的防腐木，轻微的变形产生的应力会使锁扣变形或拉断。

在安装防腐木地板时，通常会选择使用螺钉或螺丝来进行暗钉安装，以避免明钉凸出。这样不仅可以提高地板的美观度，还可以减少明钉突出可能引起的安全隐患。

当选择明钉安装时，钉帽与板面平齐或稍高均可，但与板面需无缝隙以免在钉眼处积水。如果钉帽突出太多，可以考虑使用木材填料来填充钉孔，使表面更加平滑。钉帽略低于木材表面可防止钉帽突出木材表面，减少被踩踏或其他物体撞击的可能性，从而降低损坏的风险。总体而言，确保安装符合相关建筑和安全规范，并且能够提供坚固、安全且美观的地板表面。

155 平台类防腐木铺设方法有哪些？

平台类防腐木在地上的铺设方法有固定铺设法、活动铺设法和悬浮铺设法三种，具体如下：

固定铺设法　用膨胀螺丝把龙骨固定在地面上，然后再铺设防腐木。

活动铺设法 先用不锈钢十字螺丝在防腐木的正面与龙骨连接；再用螺丝把龙骨固定在防腐木反面，几块组成拼成一个整体，既不破坏地面结构，也可自由拆卸清洗。

悬浮铺设法 龙骨在地面找平（木垫块须防腐处理），可连接成框架/井字架结构，然后再铺设防腐木。

156 防腐木安装时需要留缝吗？留缝多少合适？

在防腐木的安装过程中，通常需要考虑木材的干缩湿胀，以及温湿度变化对木材的影响。因此，一般建议在安装防腐木时留适当的缝隙，以允许木材在不同环境条件下进行自然的膨胀和收缩。

防腐木在不同湿度条件下，会呈现膨胀或收缩现象。安装时，必须充分考量木材吸湿膨胀、干燥收缩的特性。首要因素是防腐木含水率：含水率超30%，安装时尽量不留缝并紧密拼接；含水率在20%～30%，需预留2～3mm缝隙；含水率低于20%，则留3～5mm缝隙。同时，板宽、材种湿胀比以及当地气候（干燥或湿润）也不容忽视。安装时要留意当地气候与木材含水率，确保留缝符合要求。

157 防腐木地板一面是心材，另一面是边材，哪一个面朝上更好？

防腐木若一面心材一面边材，哪一面朝上取决于用户喜好、设计需求以及实际使用环境。如下因素可以帮助做出决定：

外观 心材一般比边材颜色更均匀，纹理也更细致。如果更喜欢均匀的外观，心材朝上更为合适。

防水性能 一些防腐木地板设计在心材一面施加了特殊的涂层或处理，以提高防水性能。如果地板需要更好的防水性能，建议将心材朝上安装。

耐久性 边材面朝上容易导致瓦变，但心材面朝上在户外使用时木材容易暴露腐朽。可以将边材朝上，采用五金件固定连接，同时为了防止心材面变形做拉槽处理。

舒适度 有些人可能更喜欢边材的外观或触感。在赤脚行走的地方，人们可能更喜欢边材朝上，因为它让人感觉更舒适。

设计需求 如果有特定的设计需求，如想要强调地板的纹理或颜色，可以根据设计目标选择心材或边材朝上。

158 当防腐木有瓦变现象时，哪一个面朝上更好？

瓦变指防腐木单板表面不平，两个边缘的边向上卷起，形成凹弯曲，形似瓦片的变形情况。

防腐木出现瓦变的情况通常是由于湿度变化引起的，木材吸湿膨胀、干燥收缩。当防腐木有瓦变现象时，为了减轻翘曲变形的情况，可以考虑将翘曲的一面朝上，即凸起的一面朝上，凹陷的一面朝下。这样可通过自然的湿度变化来平衡吸湿和释湿的过程，从而减缓翘曲的速度。当木材吸湿时，凸起的一面受到的湿度影响较小；当木材干燥时，凹陷的一面更容易释放湿气。

以上只是一种尝试减轻翘曲变形的方法，并不是绝对有效的解决方案。最好的方法是在选择、安装和保养防腐木时，尽量避免木材过度暴露在极端湿度变化的环境中，以减少翘曲的可能性。另树心面朝上可以控制变形方向，达到凸面的统一变形。

159 防腐木安装验收有哪些节点和要点？

防腐木安装时，可以在以下节点进行验收：

防腐木工程应用材料进场时　根据合同检测防腐木的产品合格证、树种、规格尺寸、材积及其相应的检测报告等。其他材料应按相应产品标准进行验收。确保所选用的防腐木符合国家和地区的相关标准和规定。这可以通过查看产品的合格证书或相关认证来进行验证。防腐木有下列情况之一时不得使用：检验不合格、不符合设计、不符合合同约定。防腐木验收应由监理工程师或建设单位工程师组织施工项目质量员等进行。防腐木未经检验不得使用。

检验合格的防腐木及木材防腐剂进场后　应进行抽样检验每种规格应抽取相应的样品数量进行检测。抽检内容应为防腐剂类型、载药量、心边材透入度。其他材料应按相应产品标准进行检验。

复检　当抽样检验有下列情况之一时，应对入场的材料进行双倍抽样复检：设计有复检要求的产品；有约定的产品；当任一相关方对抽样送检的检验数值和样品的真实性有异议时。

抽样检验及复检规定　防腐木的抽样检验及复检应符合下列规定：样品应送至具备国家相关资质的检测机构进行检测；复检取样数量应为抽样检验的2倍。

定期检验　管理员应定期检验现场材料，发现防腐木产生腐朽、严重开裂等情况时，应进行分离和标注，不合格品不得在工程中使用。

施工验收　在防腐木安装过程中，进行施工验收是必要的。检查连接节点的牢固性、木材表面的处理质量等，确保符合设计要求和规范。验收还要考虑防腐木的使用环境，选择适当的木材规格和连接方式。不同的使用场景可能需要不同规格和连接方式的防腐木。

防腐木安装验收的要点如下：

木材质量　在安装之前，检查防腐木的质量和规格，包括材料的密度、含水率、尺寸、干燥质量等方面。同时，防腐木也需要进行外观检查，确保木材没有明显的缺陷和瑕疵，如开裂、变形或霉变等问题。选择优质的防腐木可以提高其使用寿命，如若出现上述问题应针对这些问题进行评估和处理。

防腐处理质量　防腐木的防腐处理应符合相关标准和规范。了解所使用的防腐剂种类和浓度，确定所采用的防腐剂符合相关标准和规范要求，且具备针对预期用途的适应性，充分考虑了使用环境应达到的载药量等级。防腐剂应该经过严格的实验室测试和现场验证，并且应有相关的证明文件和使用理由，确保其符合当地建筑规范。

施工工艺评估与验收　需要对防腐木施工工艺进行评估，包括浸渍处理、切割、钻孔、拼接等。同时，也需要检查施工过程中是否遵守相关规范和要求，如渗透深度、处理均匀度、处理时间、施工工具和设备使用等方面。

安装基础　确保防腐木的安装基础坚固耐用。具体基础结构取决于所安装的构件，但必须满足安全和稳定性要求。

防腐木的连接　确保使用了合适的连接件，如螺钉、螺栓或其他耐腐蚀的连接材料，确保连接牢固可靠。避免使用与防腐木不兼容的金属，以防腐蚀。选择合适的连接方式，如榫卯结构、螺栓连接等，确保连接牢固、稳定。检查连接节点的牢固性、木材表面的处理质量等，确保符合设计要求和标准规范。

排水设计　确保设计良好的排水系统，以防止水在防腐木表面积聚。水分积聚会加速腐蚀过程，影响防腐木的使用寿命。

边缘处理　在切割、修整或裁剪防腐木时，要对切口进行适当处理，以防止湿气渗入木材内部。可以使用特殊的防腐涂料或胶封剂进行处理。

定期维护　防腐木在使用过程中需要定期保养，以延长其使用寿命。提前告知用户有关防腐木保养的知识，提醒用户进行定期的维护，包括检查木材表面是否有腐蚀、裂纹或其他损坏，并及时修复。

安全规范　在安装过程中，要遵守相关的安全规范，包括工人使用个人防护用品等，确保工地和施工安全。

环保考虑　在处理防腐木时，要注意环保问题。确保所使用的防腐剂符合环保标准，并采取正确的废弃处理措施。

文件和记录的审核　验收过程需要对相关文件和记录进行审核，包括防腐木材料和工程施工的合格证明文件、实验室测试报告、施工记录和施工质量报告等。验收人员需要对这些文件和记录进行仔细审查，确认所有的过程和结果都符合相应的规范要求。

　　通过对防腐剂的选择和使用、防腐木材料的检验、施工工艺的评估、功能性能的验证，以及文件和记录的审核等环节的合理规划和执行，可以确保防腐木工程达到预期的质量和性能要求。这些要点有助于确保防腐木的正确安装和使用，延长其使用寿命，提高建筑物的稳定性和安全性。但请注意，具体的验收要点可能因地区和具体项目不同而有所不同，建议在实际操作中根据相关标准和规范进行具体的操作。

160　防腐木工程验收有哪些要点？

　　验收依据　防腐木工程质量验收程序和组织应符合现行国家标准 GB 50300—2013《建筑工程施工质量验收统一标准》以及 GB 50828—2012《防腐木材工程应用技术规范》的有关规定。

　　验收申请　防腐木工程验收应符合下列规定：工程完工后，施工单位应向建设单位提交工程竣工报告，并申请工程竣工验收，实行监理的工程，工程竣工报告应经总监理工程师签署意见；项目单位收到工程竣工报告后，对符合竣工验收要求的工程应组织设计、施工、监理等单位和其他有关方面的专家组成验收组，进行验收。

　　工程文件验收　施工现场质量管理应具备完善的施工技术标准、健全的质量管理体系、有效的施工质量检验制度及综合的施工质量水平考评制度。施工现场质量管理应按规范要求检查记录。施工方应提供施工组织技术方案、施工日志、图纸会审、自检报告、施工过程当中的资料及产品合格证等资料，涵盖隐蔽工程和分部分项工程的验收资料，还包括不合格项及重大质量问题的处理方案与验收记录。

　　外观质量验收　采用目测方法。对于外露且外观要求高的结构表面应平整光滑，间隙需用不收缩材料封填；对于结构外露、外观要求一般的结构，表面应平整光滑，不允许有漏刨、松软节子和空洞，但允许有细小缺漏等；对无特殊要求的，允许有目测等级规定的缺陷、孔洞等。此外垂直度、平整度、平行度、平面尺寸、标高等应符合现行国家标准 GB 50206—2020《木结构工程施工质量验收规范》的有关规定。

　　缝隙验收　木材缝隙应符合胀缩缝隙的预留量，材料含水率应在 19% 以下；户外地板胀缩缝隙应为 4～7mm，含水率应在 15% 以下；户外雾天环境下使用的防腐木板胀缩缝隙应为 3～8mm；外墙板的胀缩缝隙应为 2～3mm；内墙板的胀缩缝隙应为 1～2mm。

　　螺栓　螺钉、螺丝帽安装应紧固、无漏钉，螺帽、钉帽不得突出木材表面。

　　其他　死节尺寸和开裂程度应在允许范围内，死节大于材料宽度 1/3 以上时应为不合格；死节小于 1/3 时应填补；开裂长度小于 50mm 且裂缝宽小于 3mm 时，可采用胶水拌木屑填补裂缝。木构件加工和安装的精确度应在允许范围内。榫卯槽孔和板与板间接缝应平齐，缝隙宽度应小于 3mm。

现场防腐质量复检　必要时可现场取样复检，应确认符合设计载药量要求。

验收不合格的需让工程方提出整改方案，再次组织设计、施工、监理，建设单位进行会审，对整改项目应重新进行验收，并应有不合格项的处理与验收记录，重大质量问题应有处理方案及验收记录。

（二）

防腐木使用常见的问题及处理措施

161 防腐木使用过程中容易产生的问题有哪些？有什么处理建议？

防腐木使用过程中容易产生的问题、原因分析及相应建议如下：

开裂和变形　原因：气候变化、湿度波动或木材自身特性，防腐木可能会发生开裂或变形。建议：定期涂抹木材保养剂可以帮助减少开裂和变形。确保防腐木有足够的伸缩空间以适应温度和湿度的变化。在施工前，将木材放置当地平衡更长的时间，可减少这种情形。

表面褪色或变色　原因：由于在户外受到紫外线照射、酸雨淋泡、空气污染、气候变化等综合影响，防腐木的表面可能会逐渐褪色甚至变色。建议：使用含有紫外线抵抗剂的木材保护剂，可以延缓木材表面褪色的速度。定期涂刷保养剂是保持木材外观的有效方法。

油漆脱落　原因：由于基材没有按照标准进行处理，导致油漆不能紧密黏附在物体表面；或者是由于基材没有干燥就涂刷油漆造成；还可能是由于漆膜太厚，在油漆干燥的过程中，底层水分蒸发的过程中冲破顶层的涂膜；上述原因都会导致防腐漆涂刷后脱落。建议：若单纯补救防腐涂料剥落凸起，先刮除脱落的旧漆膜，刮除的范围可稍微扩大，一并整理周围可能会剥落的漆面。若墙面上发现有油渍，刮除打掉一层水泥层，以免有油渍的区域无法与新上的油漆结合，而导致脱落。刮除完之后，墙面可能会不平整，将凹陷处补平，再用砂纸磨平。最彻底的方法是铲掉、磨平再进行涂饰。

变色菌和霉菌　原因：长时间暴露在湿润环境中，防腐木表面可能会生长变色菌和霉菌。建议：长霉不影响防腐效果，一般可保留，若介意可定期清理防腐木表面，使用专门的木材清洁剂，以防止真菌和霉菌的生长。确保防腐木表面保持干燥。

端头松动　原因：安装不合规范和木材变形都会引起防腐木端头松动。建议：建议使用二次烘干的防腐木、涂刷保护漆及规范安装，在使用过程中发现松动时及时修复。

胶合柱开胶　原因：生产厂家加工时含水率过高、加工精度不够、黏合剂不适合户外使用、未按标准工艺流程加工等引起胶合柱开胶。建议：轻微的开胶可以修复，如引起结构承受力大大降低出现安全隐患时需要更换。最好的办法是使用品牌厂家的胶合柱。

保养不足　原因：如果忽视防腐木的定期保养，木材可能会更容易受到各种问题的侵害。建议：制定并执行定期的木材保养计划，包括清理、涂抹保养剂和修复任何损坏的部分。

在使用防腐木时，定期检查和保养是确保其长期使用和外观的关键。根据环境和用途的不同，可能需要采取不同的预防和保养措施。

162 防腐木开裂会影响防腐效果吗？如何补救？

防腐木开裂一般不会显著影响其防腐效果。防腐木之所以能够抵抗腐朽，主要是通过在木材中引入防腐剂，阻止真菌和昆虫的侵害。开裂通常是木材在环境中自然发生的现象，不会改变木材的基本结构或防腐剂的分布。

然而，开裂会影响防腐木的外观和寿命。裂缝提供了潜在的路径，使得水分更容易渗入木材内部，加速木材的腐朽，或者开裂导致木材内层防腐剂未渗透的边材或心材暴露引起腐朽菌侵入和定殖。虽然开裂本身不会直接影响防腐效果，但定期维护和保养以及采取一些防护措施，如表面涂层，有助于延长防腐木的使用寿命。若裂缝宽10mm以上、深20mm以上时，应用水载型木材防腐剂兑两倍水进行灌注或涂刷，防腐剂药液应达到裂缝底部。

163 如何预防和减少防腐木开裂？

为了减少防腐木开裂，可以从生产和安装使用环节着手。

生产环节　具体如下：

选择合适的原材料　避免心边材混合取样，大截面用材可选用防腐胶合木，以减少甚至杜绝开裂。

径向制材　在木材锯切加工时，尽量减少木材弦向宽度，以减小弦向形变绝对量，降低两个方向的收缩差，达到减少开裂的目的。但该方法应用较少，只用于高档用料，主要原因是其大幅降低了木材的出材率，增加产品成本，且只适用于板材类。

及时加工　在木材被裁割成需要的尺寸后尽早进行防腐处理有助于防止木材过度吸收水分。

严格按照规范的防腐工艺　预防防腐木变形与开裂的最佳办法就是进行定型烘干处理，以解除木材内部应力，在防腐前后都控制内部含水率降至18%以下。蒸汽窑干燥或真空窑干燥是比较理想的处理办法，其基本原理是在标准窑里给木材赋予一定的湿度（软化木材表面），分时分段用适当的温度把木材内部的水分排出。防腐处理前烘干基材，既能确保防腐剂有效成分的吸收，又能消除木材内部的应力，改善木材的变形与开裂象；

防腐处理后的木材由于防腐剂经加压进入木材内部（全湿透），经自然干燥含铜防腐剂有效成分在木材内部固着后，需进行二次干燥至含水率在18%及以下，再次消除防腐木残余的内部应力，稳定尺寸，最大程度地预防防腐木出现变形与开裂。

增加防水处理 在真空加压防腐处理时添加防水剂进行防水处理，可降低后期开裂概率。

结合尺寸稳定性改性方法 向木材内部注入酚醛树脂或聚乙二醇等有机物质，填充木材内部"间隙"，从而阻止外界水分进入，克服木材变形开裂缺陷、达到尺寸稳定；另外，采用加热、乙酰化处理、异氰酸酯和聚合处理等方法对木材进行稳定处理，这些改性处理措施一般成本高，与防腐木结合使用成本更高，虽很难大范围推广，但特殊需求场景可以作为一种补充方法。

安装使用环节 具体如下：

使用正确的安装方法 正确的安装方法可以减少木材的应力集中，降低开裂的风险；确保木材安装牢固，避免钉子或螺丝过紧，以允许木材在季节性膨胀和收缩时有一定的弹性。厚度50mm以上、宽度120mm以上可在板材背面中心位置开一道槽以减少变形开裂；对大尺寸的木材，常采用铁丝或抓钉捆扎控制，以减少木材变形开裂，如铁路枕木等。

表面进行疏水处理 表面进行疏水处理或施工后涂刷室外保护涂料也可以减少木材开裂变形概率。用油漆或涂料等涂刷木材表面，封闭木材，就可阻止木材与外界产生水分交换，从而达到减少开裂的效果。安装前先进行六面封闭漆处理，防开裂效果更好。

减小单块木材尺寸 尺寸越大木材开裂的概率越大，在严格保证应有的强度前提下，尽量减少单块木材的尺寸（宽和厚）。

避免阳光暴晒 将木材暴露在强烈的阳光下可能导致过快的干燥，增加开裂的风险。如果条件允许，应尽量避免长时间的直接日晒，特别是在炎热和干燥的气候条件下。

定期维护 对已经安装的防腐木制品进行定期的维护，如重新涂刷封闭剂或油漆等保护剂，有助于保持木材的状态，减少表面干裂，并保持木材的含水率平衡，减缓开裂的速度。

保持适度的环境湿度 环境湿度直接影响木材开裂的程度。保持环境湿度适中，可以通过使用空调、加湿器或者通风来实现。特别是在干燥的季节，保持湿度有助于减缓木材失水速率，减少开裂的可能性。

164 防腐胶合柱在户外会开胶吗？如何预防？

合格的防腐胶合柱在户外使用时，不会开胶；如果发生开胶，其原因可能是使用的胶黏剂与防腐剂的兼容性和匹配性不合适，也可能是生产工艺不规范等。为了减少防腐胶合柱在户外使用时出现开胶的情况，可以采取以下预防措施：

选择与防腐剂相匹配的胶黏剂　选择与防腐剂兼容、不影响胶合的户外耐候胶黏剂。

选择与环境相匹配的胶黏剂　户外使用完全暴露在无遮挡的环境中时，需要选择更耐候的户外胶黏剂。

生产工艺规范性　从加工精度、含水率控制、施胶量、压力强度和保压时间控制以及养生时间等环节规范生产工艺。

165 如何预防防腐木发霉？怎样去除防腐木表面的霉菌？

霉菌喜好潮湿的环境，因此没有经过干燥的原木端头、板方材、单板等很容易发霉，尤其是阔叶材的边材部分。防腐木是经过防腐剂处理的木材，防腐剂针对的是木材腐朽菌，对霉菌一般没有抑制效果，所以在湿度大、通风不良、阳光照射不足或污染物存在时出现发霉是正常现象，影响观感而不会影响防腐木使用寿命。为了防止防腐木发霉，可以采取以下措施：

保持木材干燥　保持防腐木表面干燥，减少湿度的影响。

提高通风　确保有良好的通风，有助于木材表面的湿气迅速散发。

阳光照射　尽量让阳光照射到防腐木表面，有助于抑制霉菌的生长。

定期清理　定期清理木材表面，可避免霉菌孢子聚集而出现发霉症状。

防霉剂　如果是在高温高湿环境或季节进行防腐处理，可以在防腐处理过程中适当增加防霉剂；如果需要短期保存防霉，可以适当喷淋防霉剂。

防腐木表面发霉是由于湿度和环境条件导致的霉菌生长，一般霉菌不会入侵木材内部，所以可以尝试以下方法去除霉菌：

清洁表面　使用软刷或者抹布擦拭防腐木表面，去除可能促使霉菌生长的污垢和有机物，注意避免损伤木材。

漂白剂清洁　将稀释的漂白剂（按比例与水混合）用刷子轻轻刷洗发霉的区域，可杀灭霉菌并去除发霉痕迹。在使用漂白剂时，注意防护（佩戴防护手套和护目镜），避免漂白剂接触皮肤和眼睛。

醋清洁　醋也是一种天然的除霉剂。可以将白醋与水混合，然后用喷雾瓶喷洒在发霉的区域。用软刷轻轻擦拭，然后用清水冲洗。

阳光照射　将发霉的防腐木放在阳光下晾晒。阳光有助于杀死霉菌，同时可加速木材表面干燥，破坏霉菌的生长环境。

调节湿度　保持防腐木周围的环境干燥，可使用除湿器或者加强通风，降低湿度，减少霉菌滋生。

166 ▶ 防腐木变色的原因是什么？如何预防？

含铜防腐剂处理的防腐木在户外使用几年后，一般发生从绿、浅绿到灰色甚至黑色的变化，分析原因主要是由于木材暴露在外部环境中，受到光照、空气、湿度、微生物等因素的影响，发生物理化学变化。以下是一些可能导致防腐木变色的原因：

氧化反应　防腐处理中使用的防腐剂可能与木材中的成分发生氧化反应，导致木材变色。

光照　防腐木暴露在阳光下可导致颜色的变化。因为紫外线照射会引起木材成分降解，从而使木材变色。

湿度和水分　防腐木在湿度较高的环境中，尤其是暴露在雨水或湿润的土壤中，会吸收水分，导致木材颜色的变深或发生其他变化。

空气中的化学物质　空气中的化学物质也可能与木材发生反应，引起颜色的变化。

自然风化　随着时间的推移，木材的表面可能受到自然风化的影响，导致颜色的变化。

变色菌侵染　由于防腐剂有效成分并不针对变色菌，所以如果防腐木在潮湿环境下，还容易导致变色真菌的生长和入侵而发生变色。

减缓防腐木变色的过程，可以考虑定期进行保养和清洁，避免暴露在极端的环境中，以及使用专门用于保护木材的封闭剂或涂料。如果是用于潮湿环境，可以在防腐处理过程中添加防霉、防变色药剂进行增效处理。

167 ▶ 安装时应注意哪些关键点以防止防腐木变形？

为了防止防腐木变形，在安装时需要注意以下一些关键点：

选择合适的宽厚比例　宽度控制在150mm以内，厚度根据受力情况选用。厚度30mm以下时，宽度选用100～125mm；厚度30～75mm时，宽度可选择125～150mm。

适当的存放　在安装之前，确保防腐木得到适当的存放和足够的平衡时间，以使防腐木含水率和当地气候条件匹配。应注意放置在平坦的表面上，并且在储存期间要避免受潮和直接暴露在阳光下。

防变形槽　容易变形的树种如南方松，需要用紧固力强的螺钉，开防变形槽。

使用防水保护　在安装过程中，使用防水材料，如防水膜或防水油漆，以防止水分渗透到木材内部。防腐木六面涂刷保护油漆后再安装。

合理的空隙　在防腐木安装过程中，确保防腐木之间、防腐木与支撑结构之间有足够的空隙，以便防腐木有空间膨胀和收缩，避免因温度和湿度变化引起的变形。

螺钉安装　建议螺钉离端头不超过50mm，螺钉深入龙骨的深度不小于板材厚度的

2/3。板宽方向需要两颗螺钉固定，螺钉离板材边缘距离约30mm。使用与板材厚度相匹配的对应型号的螺钉或五金件。

定期维护　防腐木需要定期进行维护。

通过注意以上关键点，可以帮助防止防腐木的变形，延长其使用寿命，同时保持外观和性能。

<table>
<tr><td rowspan="1">二

保养</td><td>防腐木的维护与</td></tr>
</table>

168▶ 防腐木有哪些维护与保养建议？

清洁　定期清洁防腐木的表面，去除灰尘、污垢和其他杂物。可以使用温和的肥皂水或专门的木材清洁剂，然后用清水冲洗干净。不要使用过于强烈的清洁剂，以免损害木材表面（图4-12）。

修补破损　定期检查防腐木表面是否有破损、裂缝或其他问题，及时修补。小的裂缝可以用木蜡或木材填充剂进行修复（图4-13）。

定期涂漆或刷油　根据需要，定期为防腐木表面涂一层防水漆或木油。这有助于维持木材的色彩和延缓老化。防腐木一般1～1.5年做一次维护（图4-14）。

及时修剪周围植物　如果防腐木被植物覆盖或附近有大量植物，应及时修剪植物以保持空气流通，防止湿气滞留。

请注意，不同类型的防腐木和不同环境条件可能需要不同的维护和保养方法，因此最好根据具体情况选择适当的方法。防腐木的维护和保养频率也取决于其使用环境和暴露程度，一般而言，定期检查和保养是非常必要的。

图4-12　防腐木清洗前后

清洗前　清洗后

图4-13　破损修补

图4-14　定期涂漆

169▶ 防腐木维护工具及材料有哪些?

常用的防腐木维护工具和材料及其作用如下:

刷子和滚筒　用于涂抹木材表面的防腐涂料。刷子可以用于较小的表面,而滚筒适用于更大的面积,提高施工效率。

防腐涂料　防腐木的维护常常涉及重新涂抹防腐涂料,以保持木材的防腐性能。这些涂料通常包括木材防护剂,可以防止真菌、细菌和昆虫的侵害,同时有效防水。

木材清洁剂　在重新涂抹防腐涂料之前,建议先使用木材清洁剂清理木材表面。清洁剂可以去除木材表面的污垢、霉菌和其他杂质,以确保涂料能够充分附着在木材上。

砂纸或砂网　用于打磨木材表面,使其更加光滑,有助于涂料的均匀涂抹。打磨还可以去除旧涂料和表面缺陷,提高防腐木的整体外观。

防腐木封边剂　用于处理防腐木的切口和裂缝,防止水分侵入木材内部。封边剂通常是一种透明的液体,能够填充木材的微小裂缝,提高木材的防水性能。

个人防护装备　包括手套、护目镜和口罩等,确保在使用维护工具和材料时保护个人的安全。

在进行防腐木维护时,建议按照产品说明书或专业建议执行操作,以确保使用的正确性和安全性。不同的防腐木和涂料可能有不同的要求和建议。

170▶ 防腐木涂饰维护的常用工具有哪些?

一般家庭用简易的螺丝刀、油漆刷即可。若需要专业保养维护,则要请专业的人员,他们都配有成套专用工具。例如:

刷子　有猪毛刷、羊毛刷等,用于涂刷油漆和腻子。

刮刀　包括牛角刮刀和钢制刮刀,用于刮除多余的油漆和腻子。

砂纸　用于打磨表面，使其光滑平整。

滚筒　用于涂刷大面积的墙面和地面。

搅拌机　用于混合油漆和添加剂。

量筒　用于测量和调配油漆。

滤网　用于过滤杂质，保持油漆的清洁。

油漆铲　用于取油漆和刮平油漆。

171　影响防腐木使用寿命的因素有哪些？

一般来说，经过适当的防腐处理和合理地使用、保养，防腐木的使用寿命可以显著延长。国内外研究表明，在室外使用时，防腐木的平均使用寿命为未防腐处材的5～10倍。合格的防腐木，国外有25年和50年的使用年限标准（如澳大利亚标准和美国标准），都是经过长时间埋地或地上暴露试验得出的结论。国内相关标准中还没有年限的参考，只要是合格的防腐剂和合格的防腐木，参考相同类型的防腐剂和防腐等级，使用年限跟国外标准一样。

长时期应用后的老化，需要定期进行保养（图4-15）。以下是常见的影响防腐木使用年限的因素：

木材种类　不同种类的木材具有不同的抗腐性能。一些木材本身具有较高的天然抗腐性，而经过防腐处理后，它们的使用寿命可以更长。

防腐处理方法　防腐木经过各种不同的处理方法，如压力处理、浸渍处理等。不同的处理方法对木材的防腐效果有不同的影响。

使用环境　防腐木的使用环境对其使用寿命有重要影响。暴露在潮湿、多雨的环境中，木材更容易受到腐蚀，而在干燥、阳光充足的环境中，木材的寿命可能较长。

维护和保养　定期的维护和保养可以延长防腐木的使用寿命。这可能包括重新涂抹防腐剂、修复破损的部分等。

由于这些因素的复杂性和多样性，很难给出具体的防腐木使用年限。一般来说，合

图4-15　油漆剥落等老化问题

理的防腐木使用寿命可以达到数十年。在选择和使用防腐木时，最好遵循制造商的建议，并根据实际情况采取适当的保养措施，以确保其长时间使用。

172 二次烘干的辐射松防腐木油漆后，在户外用一段时间后部分地方会发黑，原因是什么？如何处理？

油漆表面发黑（图4-16）可能是由于多种原因引起的，如变色菌菌丝入侵变色、光变色或化学物质变色引起的，并非木材腐朽，一般也不影响防腐木的使用寿命。以下是一些可能的原因和处理方法：

图4-16 油漆表面发黑

紫外线照射 长时间的户外暴晒，特别是在紫外线强烈的地方，可能导致油漆表面发黑。紫外线会分解油漆中的某些成分，导致颜色变暗。预防措施包括选择具有耐紫外线性能的油漆，或者在长时间暴晒的环境中，定期涂抹防紫外线的保护剂。

湿度和水分 如果表面存在水分，则可能导致油漆发生变色，形成黑色污渍。预防措施是确保木材表面在施工前是干燥的，并采取措施防止雨水或湿度过高的天气影响油漆。在涂装前可以使用底漆，以增强对湿度的抵抗能力。

变色菌入侵 如果表面较湿或存在有机物，则会引起变色菌和一些霉菌生长，菌丝结团与油漆物质一起形成黑色变化。预防方式首先需保持干燥，清洁表面。

木材自身的物质反应 木材中的一些天然物质（如鞣酸），可能会与油漆中某些成分发生反应，导致油漆变色。预防措施是选择与木材相兼容的油漆，并在涂装前进行适当的处理，如使用相匹配的底漆。

油漆质量 低质量的油漆可能会在户外环境中更容易受到影响。应确保选择高质量、户外使用适用的油漆，按照生产商的建议进行正确的涂装和保养。

保养和修复措施 如果油漆已经发生变色，可以考虑进行修复。首先，清理木材表面，去除附着物和污渍。然后，选择合适的户外木材修复涂料，表面重新打磨以后再涂刷油漆即可。在修复后，定期保养和涂装可以延长油漆保护时间。

173 如何处理防腐木板面上的油脂？

防腐木冒松油是由于防腐木原材料中有油脂，防腐处理前木材未脱脂，这些成分具有挥发性，因此在一定条件下可能会释放出来，形成冒松油的现象。可以使用简单方法

处理防腐木板面上的油脂:

使用肥皂水　如果油脂较为顽固,可以尝试用温和的肥皂水来清洁。将一些温水和少量中性的肥皂水混合,然后用软布浸湿,轻轻擦拭表面。

使用酒精或白醋　酒精或白醋可以帮助溶解某些类型的油脂。用棉球蘸取少量酒精或白醋,轻轻擦拭板面上的油脂污渍。

使用柠檬汁　柠檬汁是一种天然的去污剂,对于去除一些板面的油脂也有效。将柠檬切成块,用其切面擦拭防腐木表面。

磨砂处理　如果以上方法都不奏效,可以考虑使用细砂纸轻轻磨砂,但要小心不要磨损木材表面。这个步骤通常用于去除顽固的油脂。

如果在已经安装的防腐木现场出现油脂问题,常用的处理方法有:

碱洗法　用8%~10%的碳酸钠(食用碱)水溶液,或4%~6%的烧碱溶液,清洗油脂部位,使其皂化(油和碱发生反应变成肥皂和甘油),然后用海绵或刷子蘸热水(40~50℃)擦洗、冲净。

铲除法　防腐木冒出油脂后,采用铲除干净油脂后多做几遍油漆,覆盖以后基本没有问题,或者把局部出油的地方打磨一下,再刷上水封涂料,千万不要用木油处理。

脱脂剂法　去油脂立竿见影的办法是用脱脂剂进行清洗,但这样处理的效果只是暂时的,若要持久解决,比较好的办法是等经过至少一个夏天后再进行清理,清理后会逐渐减少冒油的现象。

174 什么是防腐木的盐腐问题?

盐腐(salt damage, salt kill)是指暴露在海水或其他含盐环境(路盐、盐水、阻燃剂)下的防腐木表面被盐破坏中间片层,导致木材表面管胞组织分离,形成表面模糊状(此时的木材被称fuzzy wood),容易被当作软腐菌或者耐铜真菌腐朽(图4-17、图4-18)。油漆和密封剂不能阻止其继续破坏,盐会继续在涂层下方破坏木材。盐损害可危害处理和未处理木材。

图4-17　盐腐木材(资料来源:Kirker等2020年的研究成果)

图4-18　盐腐木材扫描电镜图（资料来源：Kirker等2020年的研究成果）

175 防腐木安装完工后，多长时间维护一次？怎样维护，每次维护成本大约需要多少？

防腐木是经过特殊防腐处理的木材，具有防腐、防蛀的特性，但在实际使用中仍然需要定期维护以保持其良好的状态和延长使用寿命。维护的频率和成本可以受到多种因素的影响，包括木材种类、环境条件以及使用环境等。

一般来说，防腐木的维护频率由以下因素决定：

环境条件　如果防腐木暴露在潮湿、多雨或阳光直射等恶劣环境中，则需要更频繁的维护。

使用频率　如果防腐木是用于户外场所或者是经常使用的区域，需要经常维护。

木材种类　不同类型的防腐木有不同的耐用性，一些高质量的防腐木可能需要较少的维护。

一般来说，防腐木的维护包括以下步骤：

清洁　定期清除防腐木表面的灰尘、污垢和可能的霉菌。可以使用软刷或清洁剂来进行清洁。

表面涂层　可以考虑定期给防腐木表面重新涂上防水、防腐的涂层，以增加防腐木的抗水性和防腐性。

修补　定期检查防腐木表面是否有破损或者腐烂的部分，及时修补或更换损坏的部分。

定期检查　定期检查防腐木连接部位，确保结构的稳固性。

维护成本取决于所使用的维护方法和材料价格。一般来说，维护成本包括清洁用品、防护涂料和修补材料的费用。具体成本会因地区和具体维护方法而异。不同的材料和工人技术等都是影响成本的因素。

若喜欢木材原貌和自然风格，可减少维护，但公共场所的防腐木，一般原则是一年维护一次，包括表面清理、加固连接件、对破损部位的修整等。如有必要，可适当涂刷油漆。如果使用质量较好的抗紫外线水性油漆，可3年左右维护一次。

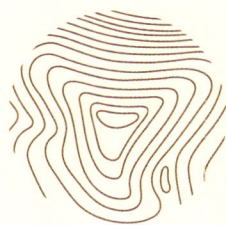

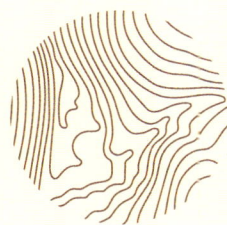

处置与规范篇

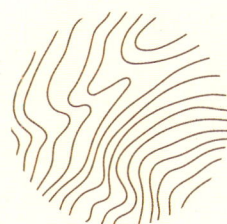

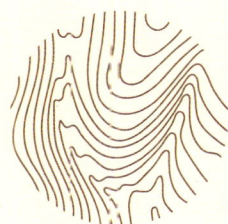

一

防腐木的回收与处置

176 什么是防腐木终极生命计划?

防腐木终极生命计划(报废计划,end-of-life planning)是指正确处置使用寿命结束时的防腐木,在回收、能源转化和处置方面采取合理的处置方式,使木材在树木生长阶段捕获的二氧化碳在生命结束时永久保存,而防腐剂可以循环利用,实现防腐木碳封存和循环计划,最大化防腐木的独特效益。该计划可令防腐木在碳足迹上成为最富竞争力的绿色产品。图5-1和图5-2是在役防腐木结构——森林步道和户外廊亭。

177 废弃防腐木如何处置?

防腐处理可以将木制品使用寿命延长5～10倍以上,然而使用过后的防腐木(treated wood waste,TWW),也称废弃防腐木,是指达到使用寿命或者失去原有价值的被废弃的防腐木,其处置问题往往会被木材的替代材料如钢筋和混凝土供应商作为一个问题提出。用于保护木材免受生物降解的化学物质通常是广谱杀虫杀菌剂,可防止真菌、昆虫和海洋钻孔动物的危害,它们必须长时间留在木材中才能发挥作用,这意味着他们在使用寿命结束时仍然保持高水平的杀菌剂,所以既不能作为普通木材进行焚烧处理,也不能作为普通垃圾用于填埋。按照GB/T 40245—2021《废弃防腐木材回收规范》和LY/T 3032—2018《废弃木质材料储存保管规范》进行收集、预分选、拆解、运输、分类储存和固定回收场所保管,也可按照如下方式进行后期处置:

再利用　与原始用途一致的类似作用而被重新利用,即作为防腐木用在类似环境或者低风险等级环境,如用于园艺、室外墙壁和其他户外用途等。

能源利用　废弃的防腐木作为能源利用可分为以下两种情况:一是不含CCA、五氯

图5-1　防腐木森林步道

图5-2　防腐木户外廊亭

酚、杂酚油等的防腐枕木、电线杆、结构材、户外景观用材，户外防腐木座椅、栏杆及扶手，以及防腐木生产过程中产生的废垃圾可进行能源利用，也可应用其作为防腐人造板的添加材料，亦可直接作为工业燃料。而用于工业燃料燃烧产生的大气污染排放应符合 GB 9078—1996《工业炉窑大气污染物排放标准》。二是含有重金属、CCA、五氯酚、杂酚油防腐剂等处理的废弃木材应由有危险废物处理资质的机构专门处理。

废弃　在允许的设施中作为废弃物进行处置，这些设施通常是带有系列渗滤液管理系统的城市固体废弃物处理设施（municipal solid facility，MSW）。含重金属或有毒或危险性化学物质的废弃防腐木。

178▶ 废弃防腐木能进行燃烧处理吗？

不含重金属或有毒或危险性化学物质的防腐木废料可以作为工业燃料燃烧，用于工业燃料燃烧产生的大气污染排放应符合 GB 9078—1996《工业炉窑大气污染物排放标准》。

国际上，根据最新版本的《无害二次材料规则》（Non-Hazardous Secondary Materials，NHSMs），目前允许在锅炉中处理的防腐木有：环烷酸铜和环烷酸铜/硼酸盐处理的木材废弃物和杂酚油和杂酚油/硼酸盐处理过的铁路枕木。

含有有害金属的防腐木在达到其使用寿命后，应集中进行无害化处理，禁止直接焚烧。

179▶ 什么是防腐木废弃物生物炭计划？

生物炭（或木炭）是一种由木材气化产生的燃料，几千年来一直用于冶金和农业，生物炭被认为是一种永久性碳封存物，它不会真正降解，半衰期约为1000年。这样的方法可以用于防腐木废弃物处理。

环烷酸铜和杂酚油处理的防腐木已使用了这项技术进行回收，对于环烷酸铜或其他含金属元素的防腐剂，所得生物炭可以用作含有土壤改良剂的微量元素，或作为浓缩提取源，体积更小，铜浓度更高。甚至含有有毒重金属，如铬和砷的防腐剂也可能被气化。如果将热解产物浓缩并收集（铬位于生物炭中，砷位于液体中），这些类型的燃料改进方式，包括制造合成气体，也符合防腐木作为燃料的《无害二次材料规则》（NHSM）法规要求。

人们对生物炭的用途进行了大量研究，包括作为土壤改良剂、减少冶金中的碳源，作为板岩甚至石墨烯等建筑材料的组成部分，虽然这些研究还正在进行，但不能阻止同时开展生物炭的实际生产，毕竟生物炭即使被简单填埋，从碳、体积和成本等角度，仍然比作为简单废弃物要有利得多。

根据《2022年减少通货膨胀法案》，碳足迹税收减免形式的若干激励措施被引入法律，申请人需每年避免或者封存超过100t的CO_2，参赛资格为12年，也即从2032年底之前开始。碳再利用的收益为每吨60美元，固碳的收益为每吨83美元，固碳和利用的为130美元，地质捕获为180美元，此外，每加仑生物燃料滑油1.75美元的税收抵免。未来在生态影响和碳足迹方面具备更大竞争力，防腐木必须在碳信用上保持最环保的状态。

二

标准与规范

180 ▶ 国外有哪些木材保护协会组织？

美国木材保护协会（American Wood Protection Association，AWPA） 是一个国际性的非营利性技术协会，成立于1904年，旨在为该行业的所有部门提供一个信息交流平台，以促进工业研究和工业处理木材用户之间的技术交流（图5-3）。

AWPA对美国消费者来说，是保护消费者的协会，AWPA使命是"AWPA寻求通过开放的、基于共识的过程，通过制定合格的、可靠的国际标准，提高可持续木制品的性能和寿命，并作为木材保护各方面知识的资源服务于社会"。

AWPA是负责编写管理美国和国外木材保护行业标准的主要机构。这些标准提供了改善处理过的木制品性能的规范和过程。AWPA得到了多数处理木材用户，包括建筑、电气、船舶、铁路和公路建设行业以及联邦、州和地方政府的认可和使用。AWPA的标准和计划是通过技术委员会制定的，主要的技术委员会有防腐剂技术委员会（P）、处理技术委员会（T）和专委会（S）三大类，其负责内容如下：

防腐剂技术委员会

P-1 一般性防腐剂标准

P-3 油基和杂酚油防腐剂类

P-4 水载型防腐剂类

P-5 防腐剂化学分析方法

P-6 木材防腐剂评价方法

P-8 非压力处理防腐剂

P-9 非生物杀灭木材保护剂

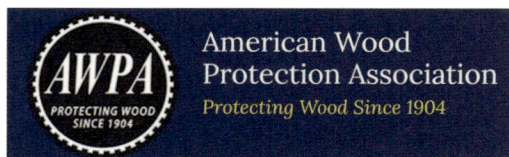

图5-3 美国木材保护协会标志

处理技术委员会

T-1 一般性处理标准

T-2 原木和锯材

T-3　桩木和枕木

T-4　杆和柱

T-7　质量控制和检验

T-8　复合材

T-11　表面应用

专委会

S-2　木材保护研究

S-3　处理材应用、安装、处置、回收和再利用

S-8　工厂运营

国际木材保护研究会（International Research Group on Wood Preservation，IRG-WP）　1969年在瑞典成立，是一个国际木材保护行业业内的研究会（图5-4）。

每年召开学术会议，研讨国际木材保护研究最新进展，出版会议论文，在官网向会员分享会议报告。截至2024年，已经召开了55届年会。年会包括论文、墙报和口头报告等交流方式，会议论文集正式出版，包括以下5个部分的主要内容：

图5-4　国际木材保护研究会标志

第1部分：生物学研究论文，涉及木材基材和木材耐久性能影响因子等研究，还涵盖了与木材树种总体和精细结构相关的生态学、生理学、生物防治和腐朽机制研究。具体包括：微生物、昆虫和海洋蛀虫、天然耐久性、微生物检测方法。

第2部分：木材保护研究论文，主要涉及以提高对现有和正在开发的化学木材保护系统与木材或木基材料相互作用的了解，特别强调对真菌、细菌和昆虫防治的性能评估。具体包括：木材防腐剂、阻燃剂、其他防护化学品、木材的可加工性以及处理工艺和材料的质量控制、通过设计和新的保护概念进行木材保护。

第3部分：木材改性研究论文，关注的是通过改变木材结构来提高现有和正在开发的木材保护系统以及非生物灭杀保护方法的研究。包括：热改性、化学改性、其他渗透性改性、表面改性。

第4部分：应用和性能评估研究论文，涉及保护处理后木制品应用的研究，以及对任何此类方法在测试或使用中对此类材料的使用寿命或特性的性能研究。具体包括：实验室和现场性能评估、使用寿命评估、木质复合材料应用评估、分析和标准。

第5部分：关于环境和可持续性研究论文，涉及延长木质材料寿命的各种保护方法可

能导致的任何环境相互作用的研究。具体包括：健康和安全方面、处理或改性木材的再利用和回收、环境影响、木制品的循环经济。

其他组织 加拿大木材保护协会（Canadian wood preservation association，CWPA）（图5-5）、澳大利亚木材保护者协会(Timber preservers association of Australia, TPAA)（图5-6）、北欧木材保护委员会(Nordic wood preservation council，NWPC)（图5-7）、南非木材保护协会（South African wood preservation association，SAWPA）（图5-8）、英国木材保护协会 (The Wood Protection Association，WPA)（图5-9）、瑞典木材保护协会(Swedish wood preserving association，SWPA)（图5-10）、日本木材保护协会 (Japan wood preserving association，JWPA)（图5-11）等。

图5-5 加拿大木材保护协会标志

图5-6 澳大利亚木材保护协会标志

图5-7 北欧木材保护委员会标志

图5-8 南非木材保护协会标志

图5-9 英国木材保护协会标志

图5-10 瑞典木材保护协会标志

图5-11 日本木材保护协会

181 AWPA标准主要有哪些内容?

AWPA每年都会更新标准手册，手册中将修订的标准修订历年信息、删除的标准等显示在手册中，主要内容包括：使用分类系统（U1）、加工和处理标准（T1）、防腐剂/保护剂系列标准（P）、烃类溶剂标准、分析方法标准（A）、性能评价标准（E）、防腐木采购等其他项标准（M）以及条例、指南性文件、术语和最近删除的标准列表等信息；2011年首次将化学改性木材（CM-A）列入了手册中；2015年开始将阻燃剂（FR-1和FR-2）也列入标准手册中。

2023年的标准手册中列入的防腐剂/保护剂有：煤焦油类防腐剂、氨铜砷酸锌（ACZA）、CCA-C、水载型烷基铵化合物（AAC-W）、无机硼类防腐剂（SBX）、ACQ类（A、B、C、D型）及微化ACQ类、铜唑及微化铜唑类等。

其具体应用信息见表5-1～表5-4:

表5-1 适用于加压处理的防腐剂

防腐剂缩写	防腐剂	基础成分	防腐剂载体
油基和杂酚油基			
CR	杂酚油	杂酚油	无
CR-S	杂酚油溶液	杂酚油溶液	无
CR-PS	杂酚油-石油溶液	杂酚油加石油	石油
Cu8	8-羟基喹啉铜	喹啉铜	烃类溶剂A或C型
CuN	环烷酸铜	铜	烃类溶剂A型
DCOI-A	DCOI（A溶剂）	DCOI	烃类溶剂A型
DCOI-C	DCOI（C溶剂）	DCOI	烃类溶剂C型
IPBC/PER	IPBC/氯菊酯	IPBC+PER	烃类溶剂C型
PCP-A	五氯苯酚（溶剂A）	PCP	烃类溶剂A型
PCP-C	五氯苯酚（溶剂C）	PCP	烃类溶剂C型
PCP-G	五氯苯酚（溶剂G）	PCP	烃类溶剂G型
SBX-O	无机硼，油基	B_2O_3	石油烃类溶剂
水性，酸基			
CCA	C型铜铬砷	$CrO_3+ CuO+As_2O_5$	水
水性，碱基（胺/氨）			
ACQ-A	A型氨溶性季铵铜	CuO+铵	水
ACQ-B	B型氨溶性季铵铜	CuO+铵	水
ACQ-C	C型氨溶性季铵铜	CuO+铵	水
ACQ-D	D型氨溶性季铵铜	CuO+铵	水
ACZA	氨铜砷酸锌	金属氧化物	水

（续）

防腐剂缩写	防腐剂	基础成分	防腐剂载体
CA-B	B型铜唑	$CuO+$唑	水
CA-C	C型铜唑	$CuO+$唑	水
CX-A	铜HDO A型	$CuO+H_3BO_3+HDO$	水
KDS	碱式甜菜碱铜	$CuO+DPAB+H_3BO_3$	水
KDS-B	碱式甜菜碱铜B型	$CuO+DPAB$	水
水性，其他			
CuN-W	环烷酸铜	铜	水
EL2	DCOI/吡虫啉	DCOI+吡虫啉	水
MCA	微化铜唑	$Cu+$戊唑醇	水
MCA-C	微化铜唑C型	$CuO+$唑	水
PTI	唑醇啉	丙环唑、戊唑醇、吡虫啉	水
SBX	无机硼化物（SBX）	B_2O_3	水

表5-2 适用于常压处理的防腐剂

防腐剂缩写	防腐剂	基础成分	防腐剂载体
油基和杂酚油基			
Cu8	8-羟基喹啉铜	8-羟基喹啉铜	烃类溶剂C或F型
CuN	环烷酸铜	铜	烃类溶剂C或F型
水性，其他			
AAC-W	烷基铵化合物，水性	无	水
SBX	无机硼化物	如B_2O_3的硼化物	水
轻型有机溶剂体系			
AAC	油基烷基铵化合物	无	烃类溶剂C型
DCOI	4,5-二氯-2-正辛基-4-异噻唑啉-3-酮	无	烃类溶剂C型
IPBC	3-碘-2-丙炔基丁基氨基甲酸酯	无	烃类溶剂C型
PPZ	丙环唑	无	烃类溶剂C型
TEB	戊唑醇	无	烃类溶剂C型
处理过程中添加的防腐剂			
KDS	碱式甜菜碱铜	$CuO+DPAB+H_3BO_3$	水
ZB	硼酸锌	$2ZnO \cdot 3B_2O_3 \cdot 3.5H_2O$	无

表5-3　适用于加热处理的防腐剂

防腐剂缩写	防腐剂	基底	防腐剂载体
CuN	环烷酸铜	铜	烃类溶剂A型
PCP-N	五氯苯酚溶剂A	PCP	烃类溶剂A型

表5-4　非生物杀灭处理工艺用保护剂

保护剂缩写	保护剂	基　底	防腐剂载体
CM-A	乙酰化的化学改性	%结合乙酰基	无

182　AWPA标准中的防腐木有哪些商品类别？

AWPA标准中将所有防腐处理的木材商品规格总结为11类，对应的类别名称见表5-5：

表5-5　防腐木商品规格分类

商品规格代码	商品规格名称	商品规格英文
A	锯材类	sawn products
B	方柱	posts
C	枕木和道岔轨枕	crossties and switchties
D	杆	poles
E	圆木桩	round timber piling
F	压缩木质复合材	pressure-treated wood composites
G	海洋（盐水）应用类	marine (sail water) applications
H	阻燃木	fire retardants
I	常压处理木	non-pressure applications
J	常压处理木质复合材	non-pressure treated wood composites
K	屏障保护类	barrier protection systems

183　AWPA标准中规定的使用分类系统与中国一样吗？

美国防腐木使用分类分为了UC1～UC5等级，其中，UC3又细分为了UC3A和UC3B，UC4细分为UC4A、UC4B、UC4C，UC5也细分为UC5A、UC5B、UC5C，另外，将阻燃分类系统分为了室内阻燃和室外阻燃处理2级。各分级的使用条件详情见表5-6：

表5-6 AWPA中防腐木使用分类及使用条件

使用分类	使用条件	使用环境	常见败坏因子	典型用途
UC1 室内干燥	建筑内部，地上，干燥	不受气候或其他潮湿的影响	仅蛀木昆虫	建筑内部和家具
UC2 室内潮湿	建筑内部，地上，潮湿	不受气候影响，但可能受到潮湿的影响	腐朽菌、蛀木昆虫	建筑内部
UC3A 室外地上，表面有保护（仅适用于商品规格中A锯材类）	户外地上，表面有涂层保护，即使有水也可快速排开	暴露在各种气候中，包括淋湿	腐朽菌、蛀木昆虫	涂层木制品、墙板和装饰
UC3A 室外地上，表面有保护（适用于所有商品规范）	户外地上，涂层保护和快速水排开；通过设计保护免受液态水的影响	暴露在各种气候中，但涂层和安装方式可以防止长时间受潮，或通过设计、施工完全保护免受液态水的影响	腐朽菌、蛀木昆虫	涂层木制品、墙板和装饰，未暴露在液态水中的外部框架构件和望板
UC3B 室外地上，表面无保护（仅适用于商品规格中A锯材类）	户外地上，无涂层保护或径流不良，不包括有与地接触可能性的地上应用	暴露在各种气候中，包括淋湿，但有足够的空气循环，使木材容易干燥	腐朽菌、蛀木昆虫	甲板、栏杆、托梁和梁，用于甲板和淡水码头、围栏桩、无涂层木制品
UC3B 室外地上，表面无保护（适用于所有商品规范）	户外地上，无涂层保护或径流不良	暴露在各种气候中，包括长时间潮湿	木腐朽菌、蛀木昆虫	无涂层的非加压处理的木制品
UC4A 一般室外与地接触（仅用于商品规格中A锯材类）	与地或淡水接触的非关键部件（包括有与地接触可能性或难以更换的关键部件）	暴露在各种气候中，包括连续或长时间的潮湿	腐朽菌、蛀木昆虫	锯木栅栏、甲板和护栏柱、延伸到建筑外的悬臂构件、甲板和淡水码头的托梁和横梁
UC4A 一般室外与地接触（适用于所有商品规范）	与地或淡水接触的非关键部件	暴露在各种气候中，正常暴露条件下	腐朽菌、蛀木昆虫	圆形、半圆形和四分之一圆形栅栏柱、圆形甲板柱、圆形护栏柱、枕木和电线杆（低腐朽风险区域）
UC4B 室外与地接触频繁（仅用于商品规格中A锯材类）	与地或淡水接触的关键部件或难以更换的构件	暴露在各种气候中，包括连续或长时间的潮湿、涉及盐水飞溅的高腐朽风险	生物败坏潜力增加的腐朽菌、蛀木昆虫	永久性木基，建筑结构锯材支撑柱、杆，农用柱锯材、杆
UC4B 室外与地接触频繁（适用于所有商品规范）	与地或淡水接触的关键部件或难以更换的构件	暴露在各种气候中，涉及盐水飞溅的高腐朽风险	生物败坏潜力增加的腐朽菌、蛀木昆虫	建筑杆、圆形、半圆形和四分之一圆形农业杆、枕木和电线杆（高腐朽风险区域）

（续）

使用分类	使用条件	使用环境	常见败坏因子	典型用途
UC4C 室外与地接触极多（仅用于商品规格中A锯材类）	与地或淡水接触的关键部件	暴露在各种气候中，包括持续或长时间的潮湿、恶劣的环境和极端的腐朽风险	具有极大生物败坏潜力的腐朽菌、蛀木昆虫	基桩锯材
UC4C 室外与地接触极多（适用于所有商品规范）	与地或淡水接触的关键部件	暴露在各种气候、恶劣环境中，极高的腐朽风险	具有极大生物败坏潜力的腐朽菌、蛀木昆虫	陆地和淡水打桩、基桩、枕木和电线杆（严重腐朽风险区域）
UC5A 北部水域中使用	海水或微咸水和邻近的泥沙区，包括纽约、长岛和旧金山北部	长期浸泡在海水中(盐水)	海水生物	桩、斜撑、隔墙
UC5B 中部海水中使用	咸水或微咸水和邻近的泥沙区，纽约长岛以南至旧金山以南佐治亚州南部边界	长期浸泡在海水中(盐水)	海水生物包括耐杂酚油的蛀木水虱	桩、斜撑、隔墙
UC5C 南部水域中使用	乔治亚州南部、墨西哥湾沿岸、夏威夷和波多黎各的咸水或半咸水和邻近的泥区	长期浸泡在海水中(盐水)	海水生物包括海笋属和浅水虱	桩、斜撑、隔墙
UCFA 室内阻燃	符合地上及室内建筑规范的防火要求	不受气候或其他潮湿的影响	起火	屋顶望板、屋顶桁架、立柱、托梁、镶板
UCFB 室外阻燃	符合地上及室外建筑规范的防火要求	易受潮湿的影响	起火	垂直外墙、倾斜屋顶表面或其他允许水快速排水的结构

与中国分类比较而言（表1-8），其UC1等级等同于中国C1等级，UC2等级等同于中国C2等级，UC3A等级等同于中国的C3.1等级，UC3B等级等同于中国的C3.2等级，UC4A等级等同于中国的C4.1等级，UC4B等级和UC4C等级等同于中国的C4.2等级，UC5A、UC5B和UC5C三个等级等同于中国的C5等级。中国分级未考虑阻燃情况。

184　AWPA标准中的树种与防腐处理要求和适用环境如何？

每种树种其耐久性不同，防腐可处理性不同，相应的适用环境有差别。有些树种即使刻痕也难以达到AWPA标准的要求。一个树种或树种组内的单个或批次可能会有所不同，其可处理性有时会有很大差异。在为任何商品和防腐剂指定一个树种或树种组之前，应获得关于该树种或树种组的可处理性和变异性的准确信息。经过长期实践和评估，AWPA列出了树种与防腐处理要求和适用环境，分别见表5-7～表5-11，表注如下：

注1：南方松包括萌芽松*Pinus echinata*、湿地松*P. elliottii*、长叶松*P. palustris*、火炬松*P. taeda*。

注2：混交南方松包括所有南方松树种加上晚松*Pinus serotina*和矮松*P. virginiana*。

注3：铁杉包括西部铁杉（异叶冷杉）*Tsuga heterophylla*、太平洋冷杉*Abies amabilis*、白冷杉*A. concolor*、大冷杉*A. grandis*、加州红冷杉*A. magnifica*、壮丽冷杉*A. procera*。

注4：北方冷杉包括西部铁杉（异叶冷杉）*Tsuga heterophylla*、太平洋冷杉*Abies amabilis*。

注5：云杉–冷–松杉（SPF）包括香脂冷杉*Abies balsamea*、毛果冷杉*A. lasiocarpa*、恩氏云杉*Picea engelmannii*、白云杉*P. glauca*、黑云杉*P. mariana*、红云杉*P. rubrens*、北美短叶松*Pinus banksiana*、扭叶松*P. contorta*。

注6：西部云杉–冷–松杉（西部SPF）（按NLGA等级规则）是加拿大西部云杉–冷–松杉的一个树种，按北方木材分级协会（NLGA）规则分级，但仅由以下加拿大西部机构进行分级：阿尔伯塔省森林产品协会（AFPA）、Caribou木材制造商协会（CLMA）、加拿大木材服务协会（COFI）、室内木材制造商（ILMA），北方林业产品协会（NFPA）。包括毛果冷杉*Abies lasiocarpa*、恩氏云杉*Picea engelmannii*、黑云杉*P. mariana*、白云杉*P. glauca*、扭叶松*Pinus contorta*。

注7：红橡树包括猩红栎*Quercus coccinea*、椭圆栎*Q. ellipsoidalis*、西班牙栎*Q. falcata*、加州黑栎*Q. kelloggii*、土耳其栎*Q. laevis*、月桂叶栎*Q. laurifolia*、马里兰栎*Q. marilandica*、黑栎*Q. nigra*、娜塔栎*Q. nuttallii*、沼生栎*Q. palustris*、柳栎*Q. phellos*、红栎*Q. rubra*、苏玛栎*Q. shumardii*、美国黑栎（美国绒毛栎）*Q. velutina*。

注8：白橡树包括白栎*Quercus alba*、栗子栎*Q. prinus*、星毛栎*Q stellata*、琴叶栎*Q. lyrata*、沼泽栗子栎*Q. michauxii*、大果栎*Q. macrocarpa*、黄坚果栎*Q. muehlenbergii*、二色栎*Q. bicolor*、弗吉尼亚栎*Q. virginiana*。

注9：Ger苏格兰松，是经第三方认证机构认证的来自德国的欧洲赤松。

注10：Swe苏格兰松，是经第三方认证机构认证的来自瑞典的欧洲赤松。

注11：墨西哥展叶松，来自南非，是经第三方认证机构认证的非洲山地松。

PWF：指永久性基础木构件，全称为permanent wood foundation。

√：表示可使用。

表5-7　锯材产品的树种与防腐处理要求和适用环境

通用名	学名	使用分类列表									锯材产品			
		UC1&2	UC3	UC4A	UC4B	UC4C	UC5A	UC5B	UC5C	PWF	面板瓦片	冷却塔	锯臂	桥梁公路
花旗松														
沿海（花旗松/紫果冷杉）	*Pseudotsuga menziesii / P. menziesii* var. *menziesii*[2]	✓	✓	✓	✓	✓	✓	✓	✓	✓		✓	✓	✓
松														
南方松	注1	✓	✓	✓	✓	✓	✓	✓	✓	✓	✓	✓	✓	✓
混交南方松	注2	✓	✓	✓	✓	✓	✓	✓	✓		✓			
美国西部黄松	*Pinus ponderosa*	✓	✓	✓	✓	✓	✓	✓	✓			✓		
北美短叶松	*P. banksiana*	✓	✓	✓	✓	✓								
扭叶松	*P. contorta*	✓	✓	✓	✓	✓								
北美乔松	*P. strobus*	✓	✓	✓	✓	✓								
辐射松	*P. radata*	✓	✓	✓	✓	✓								
加勒比松	*P. caribaea, P. oocarpa*	✓	✓	✓	✓	✓								
挪威赤松	*P. resinosa*	✓	✓	✓	✓	✓	✓	✓	✓	✓				
光松	*P. glabra*	✓	✓	✓	✓	✓								
苏格兰松 Ger	注9	✓	✓	✓	✓					✓				
苏格兰松 Swe	注10	✓	✓	✓	✓					✓				
展叶松	注11	✓	✓	✓	✓					✓				
红杉														
红杉	*Sequoia sempervirens*	✓	✓	✓	✓	✓	✓					✓		
铁杉，云杉，真枞														
铁杉	注3	✓	✓	✓	✓	✓	✓	✓	✓	✓		✓	✓	✓
北方冷杉	注4	✓	✓	✓	✓	✓	✓	✓	✓	✓		✓	✓	✓
西部铁杉	*Tsuga heterophylla*	✓	✓	✓			✓	✓	✓	✓		✓	✓	✓
加拿大铁杉	*Tsuga canadensis*	✓	✓	✓	✓									
落基山冷杉	*Abies lasiocarpa*	✓	✓	✓	✓	✓								

（续）

通用名	学名	UC1&2	UC3	UC4A	UC4B	UC4C	UC5A	UC5B	UC5C	PWF 面板瓦片	冷却塔	锯臂	桥梁公路
SPF	注5	√											
西部SPF	注6	√	√	√	√								
西加云杉	*Picea sitchensis*	√	√	√	√	√							
白云杉	*Picea glauca*	√	√	√	√	√							
恩氏云杉	*Picea engelmannii*	√	√	√	√	√							
美国落叶松	*Larix occidentalis*											√	
雪松													
北美乔柏	*Thuja plicata*	√	√							√			
阿拉斯加黄扁柏	*Chamaecyparis nootkatensis*	√	√										
北美香柏	*Thuja occidentalis*												
香雪松/北美翠柏	*Libocedrus decurrens*	√	√										
阔叶材													
栎	所有 *Quercus* sp.						√	√	√				
红橡树	注7	√	√	√									
白橡树	注8	√	√	√									
槭	*Acer* sp.	√	√	√									
红花槭	*Acer rubrum*												
美国紫树	*Nyssa* spp.	√	√	√			√	√	√				
枫香/美叶桉	*Liquidambar* spp.	√	√	√			√	√	√				

表5-8　方柱、结构材、枕木、杆等的树种与防腐处理要求和适用环境

通用名	学名	柱·一般用途 UC4	柱·一般用途 UC4	结构用·农场 UC4B	结构用·杆/柱 建筑 UC4B	枕木 岔枕 UC4	电线杆·一般应用 UC4A	电线杆·一般应用 UC4B	电线杆·一般应用 UC4C	电线杆·胶合木 UC4A-C	电线杆·热压 UC4A&B	电线杆·热压 UC4C
花旗松												
沿海（花旗松/紫果冷杉）[1]	*Pseudotsuga menziesii* var. *menziesii*[2]	√	√	√	√	√	√	√	√	√		
内陆（山地或山间）	*Pseudotsuga menziesii* var. *glauca*[2]			√	√	√						
松												
南方松	注1	√	√	√	√	√	√	√	√	√		
美国西部黄松	*P. ponderosa*	√	√	√	√	√	√	√	√			
北美短叶松	*P. banksiana*	√	√	√	√	√	√	√	√			
扭叶松	*P. contorta*	√	√	√	√	√	√	√	√			
辐射松	*P. radata*	√	√	√	√		√	√				
挪威赤松	*P. resinosa*	√	√	√	√	√	√	√	√			
铁杉，云杉，真枞												
西部铁杉	*Tsuga heterophylla*	√	√	√		√	√	√	√			
美国西部落叶松	*Larix occidentalis*	√	√	√	√	√	√	√	√			
雪松												
北美乔柏	*Thuja plicata*			√			√	√			√	√
阿拉斯加黄扁柏	*Chamaecyparis nootkatensis*						√	√	√		√	√
北美香柏	*Thuja occidentalis*										√	√
阔叶材												
栎	所有 *Quercus* sp.					√						
山核桃	*Carya* spp.					√						
混交阔叶材	所有其他阔叶材树种					√						

表5-9　桩木和胶合木的树种与防腐处理要求和适用环境

通用名	学名	圆桩	胶合木					
		UC4C	胶合处理后				胶合前	
			UC1-3B	UC4A	UC4B	UC4C	UC1-3B	UC4A
花旗松								
沿海（花旗松/紫果冷杉）[1]	Pseudotsuga menziesii var. menziesii[2]	√	√	√	√	√	√	√
内陆（山地或山间）	Pseudotsuga menziesii var. glauca[2]	√						
松								
南方松	注1	√	√	√	√	√	√	√
美国西部黄松	P. ponderosa	√						
北美短叶松	P. banksiana	√						
扭叶松	P. contorta	√						
挪威赤松	P. resinosa	√						
美国白松	Pinus glabra							
铁杉，云杉，真枞								
铁杉	注3		√	√			√	√
西部铁杉	Tsuga heterophylla		√	√			√	√
美国西部落叶松	Larix occidentalis	√						
阔叶材								
栎	所有 Quercus sp.	√						
红橡树	注7		√	√				
红花槭	Acer rubrum		√	√				
美国鹅掌楸	Liriodendron tulipifera		√	√				

表5–10　结构复合材与水用桩木树种与防腐处理要求和适用环境

通用名	学名	结构用复合材						海洋用桩木		
		平行木片胶合木（PSL）			单板层积材（LVL）					
		UC1-3B	UC4A	UC4B	UC1-3B	UC4A	UC4B	UC5A	UC5B	UC5C
花旗松										
沿海（花旗松/紫果冷杉）[1]	Pseudotsuga menziesii var. menziesii[2]		✓			✓		✓	✓	✓
松										
南方松	注1		✓	✓		✓	✓	✓	✓	✓
挪威赤松	P. resinosa							✓	✓	
阔叶材										
红花槭	Acer rubrum	✓			✓		✓			
美国鹅掌楸	Liriodendron tulipifera	✓			✓		✓			

表5–11　常压处理的树种与防腐处理要求和适用环境
（注：木质复合材可用单一品种或多种品种混合制成）

通用名称	学名	常压处理木质复合材		
		刨片层积材（LSL）UC1-3A	定向刨花板（OSB）UC1-3A	工程木墙板（EWS）UC1-3A
针叶材				
松	Pinus spp.	✓		
云杉	Pinus spp.	✓		
冷杉	Abies spp.	✓	✓	
阔叶材				
山杨	Populus spp.	✓	✓	
黄杨（北美鹅掌楸）	Liriodendron tulipifera	✓		
其他阔叶材	其他阔叶树	✓	✓	

185 美国防腐木应用种类的生产比例变化如何？

2016年，Solo-Gabriele等通过编制水载型防腐剂处理材废料随时间的变化统计数据，推测防腐木生产随时间的变化趋势，对防腐木预期寿命进行了评估，并简单评估了砷基木材防腐剂的减少趋势。

表5-12是得出的每种化学防腐剂占所有水载型防腐剂处理的估计比例，加粗代表来源于统计，斜体代表采访行业专家的数据，正常字体代表估算出来的百分比数值。

表5-12　美国从1980—2016年不同防腐木生产比例　　　　　单位：%

年份	CZC	CCA	ACC	ACA	ACZA	ACQ	MCQ	CA	MCA	SBX	PTI	EL2
1980	**1**	**98**	**2**									
1981	1	98	1									
1982	2	97	2									
1983	1	97	1	1								
1984	**1**	**96**	**1**	**1**								
1985	1	96	1	1	1							
1986	1	97	1	1	1							
1987	1	97	1	1	1							
1988	1	97			1							
1989	1	98										
1990	**1**	**98**			**1**							
1991	1	98			1							
1992	1	98			1							
1993	1	98			1							
1994	1	98			1							
1995	1	98			1							
1996	1	98			1							
1997	**1**	**98**			**1**							
1998	*1*	*98*			*1*							
1999	*1*	*98*			*1*							
2000	*1*	*98*			*1*							
2001	*1*	*98*			*1*							
2002	*1*	*98*			*1*							
2003	1	65			1	22		9		3		
2004		**32**	1		**11**	43		19		**5**		
2005		30	1		1	38	7	19		6		
2006		27				32	14	19		7	1	

（续）

年份	CZC	CCA	ACC	ACA	ACZA	ACQ	MCQ	CA	MCA	SBX	PTI	EL2
2007		**25**				**26**	**21**	**19**		**7**	**1**	
2008		23				24	*19*	18	8	7	1	1
2009		20				21	*17*	17	16	6	1	2
2010		17				19	*13*	16	24	5	2	3
2011		15				16	*10*	15	32	5	3	4
2012		12				14	7	14	40	4	4	6
2013		9				11		13	49	4	6	8
2014		*1*				*11*		*12*	60	2	4	10
2015		*1*				*10*		*10*	64	2	2	*11*
2016		*1*				*4*		*10*	72	2	*1*	10

注：CZC 表示 Chromated Zinc Chloride 铬酸氯化锌；CCA 表示 Chromated Copper Arsenate 铬化砷酸铜；ACC 表示 Acid Copper Chromate 酸性铬酸铜；ACA 表示 Ammoniacal Copper Arsenate 砷酸铜；ACZA 表示 Ammoniacal Copper Zinc Arsenate 砷酸铜锌；ACQ 表示 Alkaline Copper Quat 铜氨（胺）季铵盐；MCQ 表示 Micronized Copper Quat 微化铜季铵盐；CA 表示 Copper Azole 铜唑；MCA 表示 Micronized Copper Azole 微化铜唑；SBX 表示 Inorganic Boron 无机硼类；PTI 表示 Propiconazole Tebuconazole Imidacloprid 丙环唑 / 戊唑醇 / 吡虫啉；EL2 表示 Dichlorooctylisothiazolinone DCOI/Imidacloprid 异噻唑啉酮 / 吡虫啉。

表 5–12 中，CC（柠檬酸铜）、C₁8（8– 羟基喹啉铜）、CuN（环烷酸铜）虽然在 1980 年以后有生产但没有在木材工业报告中列出，与其他水载型防腐剂相比含量忽略不计。

数据分析得出的结论如下：

（1）美国在淘汰 CCA 防腐剂之前，美国的 CCA 防腐木占据水载型防腐剂处理市场的 98%；从 2004 年开始逐年减少，2014 年至今仅占 1%。

（2）截至 2016 年，无金属防腐剂（EL2 和 PTI）在美国仍然是木材防腐剂的一部分，但 EL2 和 PTI 仅适用于地面之上应用，不适合与地接触。

（3）1930—1970 年，水载型防腐剂用量很低，之后 CCA 开始商业化生产（尽管 1940 年就制定了计划，但真正商业化生产是在 1970 年后）。截至目前 CCA 防腐木在美国仍用于工业应用，如电线杆、海洋桩木等，这些工业品除采用 CCA 处理之外主要是杂酚油和油基防腐剂处理。

2017 年至今，基本保持着 2016 年后的占比，以微化铜唑为主，铜唑次之，其他防腐剂用量较小。

186 澳大利亚、新西兰等其他国家标准中规定的使用分类系统是什么？与中国的一样吗？

澳大利亚和新西兰、南非、国际标准（International Organization for Standardization，ISO）、加拿大以及英国、欧盟有关使用分类分别见表 5–13～表 5–16：

表5-13　澳大利亚和新西兰防腐木使用分类（AS/NZS 1604.1 2021）

危害分级	使用条件	应用环境	主要生物危害因子
H1	室内地上	完全不受天气影响，通风良好，没有白蚁	除白蚁外其他昆虫（澳大利亚是粉蠹，新西兰是粉蠹和窃蠹）
H1.2	室内地上，潮湿	基本不受天气影响，受水分和潮湿影响	腐朽
H2和H2F（仅澳大利亚）	室内地上	不受潮湿影响	蠹虫和白蚁
H3（澳大利亚），H3.1和H3.2（新西兰）	室外地上	不受潮湿影响，无积水	中等腐朽，昆虫和白蚁
H4	室外，与地接触	受潮湿和积水影响	高度腐朽，昆虫和白蚁
H5	室外，与地接触，接触或浸泡淡水	受潮湿和积水影响，需要高度保护的关键构件	严重腐朽，昆虫和白蚁
H6	海水条件	长期接触海水	海水钻孔生物、腐朽

表5-14　南非防腐木使用分类(SANS 10005)

危害分级	使用条件	应用环境	主要生物危害因子
H1	室内地上	完全不受天气影响，通风良好，没有白蚁	除白蚁外其他昆虫
H2	室内地上	不受潮湿影响	蠹虫和白蚁
H3	室外地上	不受潮湿影响，无积水	中等腐朽，昆虫和白蚁
H4	室外，与地接触	受潮湿和积水影响	高度腐朽，昆虫和白蚁
H5	室外，与地接触，接触或浸泡淡水	受潮湿和积水影响，需要高度保护的关键构件	严重腐朽，昆虫和白蚁
H6	海水条件	长期接触海水	海水钻孔生物、腐朽

表5-15　国际标准防腐木使用分类（ISO 21887:2007）

使用分类	使用条件	应用环境	主要危害因子
UC1	室内地上，干燥	无天气和潮湿影响	昆虫
UC2	室内地上，潮湿	无天气影响，但有水分影响	昆虫、腐朽菌
UC3.1	室外、地上，有覆盖保护或者水分容易散失	表面有保护无天气影响，避免长时间水分影响	腐朽菌、霉菌、软腐菌和昆虫
UC3.2	室外、地上，无覆盖，积水不易散失	受天气和长时间积水影响	腐朽菌、霉菌、软腐菌和昆虫
UC4.1	室外与地接触，或浸在淡水中	受各种天气影响，与地面接触或有海水飞溅	腐朽菌、霉菌、软腐菌和昆虫
UC4.2	室外与地接触，或浸在淡水中，高度腐朽风险或难以更换或关键部件	受各种天气影响，高度腐朽	腐朽菌、霉菌、软腐菌和昆虫（不断增加的生物败坏风险）

（续）

使用分类	使用条件	应用环境	主要危害因子
UC5A	尽在海水或盐水中，或在泥泞中	长期受海水影响	海生钻孔生物
UCF1	规范要求的地面建筑室内防火部位	气候或其他来源火灾风险	火

　　加拿大的木材保护标准以美国AWPA标准为基础，并根据加拿大的应用条件进行了修改，和ISO标准保持一致。由加拿大标准协会(Canadian Standards Association)发布的CSA 080–21中予以规定。

表5-16　欧洲防腐木使用分类（EN 335:2013）

使用分类	使用条件	应用环境	主要生物危害因子
1	地上有覆盖，永久干燥	室内，无潮湿风险	昆虫
2	地上有覆盖，偶尔潮湿	室内，有潮湿风险	昆虫、真菌
3	地上，受保护，有涂层，暴露在经常的潮湿中，如果木材受潮，涂层会影响水分散失	室外，地上，有防潮涂层保护	真菌
	地上，无涂层保护	室外，地上，无防潮涂层保护	
4	与地面或淡水接触，永久暴露于潮湿条件	永久暴露在潮湿环境下	真菌
5	永久暴露于海水条件	永久接触海水环境	海生钻孔生物

　　南非、澳大利亚和新西兰使用分级基本一样，分为6个等级；欧洲标准分为5个等级，但第3级有两种情况，相当于七是6级；加拿大与国际标准（ISO）分类相似，而中国除了未考虑防火情况，生物危害等级分类参照了ISO标准，与其分类基本一致，分为C1、C2、C3.1、C3.2、C4.1、C4.2和C5的"5+2"等级。

187 欧洲标准中如何要求渗透度的分级的？

　　欧洲标准EN 351–1《防腐木及其制品耐久性　第1部分：防腐剂渗透和载药量分类》(*Durability of wood and wood-based products Preservative-treated solid wood —Part 1: Classification of preservative penetration and retention*)中将木材渗透度要求分为6级，对检测区域也进行了详细要求，对不同对种、不同用途和不同设计年限相应依据该分级进行规定。渗透度分级和分析区域规定见表5-17：

表5-17　渗透度分级及载药量分析区域（EN 351-1）

渗透度分级	渗透要求[1]	检测分析区域	图示
NP1	无	横侧面3mm	无
NP2[2]	边材横向渗透至少3mm	边材横侧面3mm	图5-12
NP3[2]	边材横向渗透至少6mm	边材横侧面6mm	图5-13

（续）

渗透度分级	渗透要求[*1]	检测分析区域	图示
NP4	边材横向渗透至少25mm	边材横侧面12mm	图5-14
NP5	边材全渗透	整个边材	图5-15
NP6	边材全渗透且心材至少6mm渗透	整个边材和外露心材至少6mm	图5-16

注：[*1]表示渗透深度检查应在处理后尽快进行。

[*2]表示NP2和NP3的横向渗透可以补充纵向渗透来代替，一般可以在纵向渗透深度加L字母来区分。

另外，英国木材保护协会对设计年限更长时间的建筑，防腐木的渗透度增加了NP7的分类，要求边材至少12mm渗透且心材至少6mm渗透，检查分析区域为边材12mm和外露心材6mm（图5-17）。

图5-12　NP2渗透度要求示意
（蓝色为防腐剂渗透显示）

图5-13　NP3渗透度要求示意
（蓝色为防腐剂渗透显示）

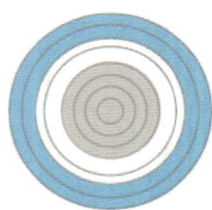

图5-14　NP4渗透度要
求示意（蓝色为防腐剂渗
透显示）

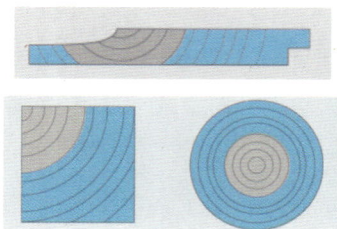

图5-15　NP5渗透度要求示意
（蓝色为防腐剂渗透显示）

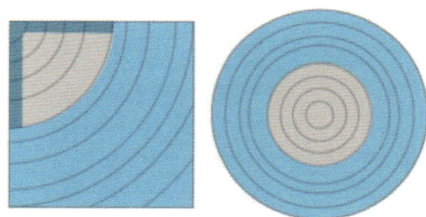

图5-16　NP6渗透度要求示意（蓝色为
防腐剂渗透显示）

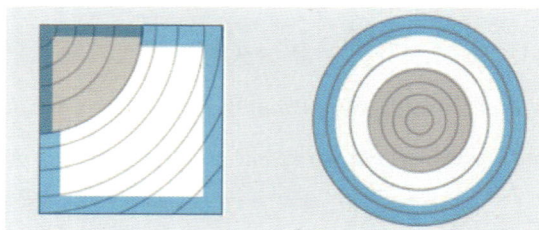

图5-17　NP7渗透度要求示意（蓝色为防腐剂渗透显示）

188▶ 国内防腐木相关标准有哪些？

与防腐相关的标准从层次上可分为国家标准、行业标准和地方标准，从归口单位上可分为全国木材标准化技术委员会、全国危险化学品管理标准化技术委员会、全国钢标准化技术委员会、国家认证认可监督管理委员会、国家标准委农业食品部、住房和城乡建设部、工业和信息化部和商务部，从内容的功能上可分为基础性标准（5项）、规范标准（11项）、规程标准（1项）、指南标准（5项）、产品标准（25项）、分析标准（13项）、评价标准（3项）和试验标准（25项）等共88项标准（表5-18）。

表5-18　我国现行与防腐木相关标准

序号	类别	标准号	标准名称	归口单位
1	基础	GB/T 14019—2009	木材防腐术语	全国木材标准化技术委员会
2	基础	GB/T 27651—2023	防腐木材的使用分类和要求	全国木材标准化技术委员会
3	基础	GB/T 33041—2016	中国陆地木材腐朽与白蚁危害等级区域划分	全国木材标准化技术委员会
4	基础	GB/T 50165—2020	古建筑木结构维护与加固技术标准	住房和城乡建设部
5	基础	LY/T 1925—2019	防腐木材产品标识	全国木材标准化技术委员会
6	规范	GB 22280—2008	防腐木材生产规范	工业和信息化部
7	规范	GB 50828—2012	防腐木材工程应用技术规范	住房和城乡建设部
8	规范	GB/T 29406.1—2012	木材防腐工厂安全规范　第1部分：工厂设计	国家标准委农业食品部
9	规范	GB/T 29406.2—2012	木材防腐工厂安全规范　第2部分：操作	国家标准委农业食品部
10	规范	GB/T 31763—2015	铜铬砷（CCA）防腐木材的处理及使用规范	全国木材标准化技术委员会
11	规范	GB/T 40245—2021	废弃防腐木材回收规范	全国木材标准化技术委员会
12	规范	GB/T 40630—2021	木材刻痕防腐处理技术要求	全国木材标准化技术委员会
13	规范	LY/T 1822—2019	废弃木材循环利用规范	全国木材标准化技术委员会
14	规范	LY/T 2376—2014	户外景观用木材与木质材料一般要求	全国木材标准化技术委员会
15	规范	LY/T 3032—2018	废弃木质材料储存保管规范	全国木材标准化技术委员会
16	规范	DB34/T 3421—2019	泡桐木材热处理与纳米防腐复合处理技术规范	安徽省林业标准化技术委员会
17	规程	GB/T 28990—2012	古建筑木构件内部腐朽与弹性模量应力波无损检测规程	全国木材标准化技术委员会
18	指南	GB/T 31760—2015	铜铬砷（CCA）防腐剂加压处理木材	全国木材标准化技术委员会
19	指南	GB/T 31761—2015	铜氨（胺）季铵盐（ACQ）防腐剂加压处理木材	全国木材标准化技术委员会
20	指南	GB/Z 41367—2022	桩木和杆材　加压法防腐处理	全国木材标准化技术委员会
21	指南	SB/T 11148—2015	防腐木材采购指南	商务部
22	指南	DB44/T 2348—2021	铜唑木材防腐剂抗流失性能分析指南	广东省林业局
23	产品	GB/T 22102—2008	防腐木材	工业和信息化部
24	产品	GB/T 27654—2023	木材防腐剂	全国木材标准化技术委员会
25	产品	GB/T 27656—2011	农作物支护用防腐小径木	全国木材标准化技术委员会
26	产品	GB/T 31757—2015	户外用防腐实木地板	全国木材标准化技术委员会
27	产品	GB/T 31760—2015	铜铬砷（CCA）防腐剂加压处理木材	全国木材标准化技术委员会
28	产品	GB/T 31761—2015	铜氨（胺）季铵盐（ACQ）防腐剂加压处理木材	全国木材标准化技术委员会

（续）

序号	类别	标准号	标准名称	归口单位
29	产品	GB/T 40052—2021	防腐胶合板	全国木材标准化技术委员会
30	产品	JG/T 434—2014	木结构防护木蜡油	住房和城乡建设部建筑结构标准化技术委员会
31	产品	JG/T 489—2015	防腐木结构用金属连接件	住房和城乡建设部
32	产品	LY/T 2062—2012	防虫胶合板	全国人造板标准化技术委员会
33	产品	LY/T 2709—2016	木蜡油	全国木材标准化技术委员会
34	产品	LY/T 2710—2016	木地板用紫外光固化涂料	全国木材标准化技术委员会
35	产品	LY/T 3037—2018	乙酰化木材	全国木材标准化技术委员会
36	产品	LY/T 3133—2019	户外用水性木器涂料	全国木材标准化技术委员会
37	产品	LY/T 3228—2020	加压防腐处理胶合木	全国人造板标准化技术委员会
38	产品	SB/T 10432—2007	木材防腐剂　铜氨（胺）季铵盐（ACQ）	工业和信息化部
39	产品	SB/T 10433—2007	木材防腐剂　铜铬砷（CCA）	工业和信息化部
40	产品	SB/T 10434—2007	木材防腐剂　铜硼唑A型（CBA-A）	工业和信息化部
41	产品	SB/T 10435—2007	木材防腐剂　铜唑B型（CA-B）	工业和信息化部
42	产品	SB/T 10440—2007	真空和（或）压力浸注（处理）用木材防腐设备机组	工业和信息化部
43	产品	SB/T 10502—2008	铜铬砷（CCA）防腐剂加压处理木材	工业和信息化部
44	产品	SB/T 10503—2008	铜氨（胺）季铵盐（ACQ）防腐剂加压处理木材	工业和信息化部
45	产品	SB/T 10628—2011	建筑用加压处理防腐木材	工业和信息化部
46	产品	TB/T 3172—2007	防腐木枕	国家铁路局标准所
47	产品	YB/T 5168—2016	木材防腐油	全国钢标准化技术委员会
48	分析	GB/T 23229—2023	水载型木材防腐剂的分析方法	全国木材标准化技术委员会
49	分析	GB/T 27652—2011	防腐木材化学分析前的预处理方法	全国木材标准化技术委员会
50	分析	GB/T 27653—2011	防腐木材中季铵盐的分析方法　两相滴定法	全国木材标准化技术委员会
51	分析	GB/T 33021—2016	有机型木材防腐剂分析方法　三唑及苯并咪唑类	全国木材标准化技术委员会
52	分析	GB/T 40196—2021	X射线荧光能谱仪测定防腐木材和木材防腐剂中CCA和ACQ的方法	全国木材标准化技术委员会
53	分析	GB/Z 41259—2022	自动电位滴定仪测定防腐木材和木材防腐剂中季铵盐的方法	全国木材标准化技术委员会
54	分析	GB/T 41668—2022	化学品　防腐处理的木材向环境释放速率的测定方法	全国危险化学品管理标准化技术委员会
55	分析	SB/T 10404—2006	水载型防腐剂和阻燃剂主要成分的测定	工业和信息化部
56	分析	SB/T 10405—2006	防腐木材化学分析前的湿灰化方法	工业和信息化部
57	分析	SN/T 2145—2008	木材防腐剂与防腐处理木材及其制品中五氯苯酚的测定　气相色谱法	国家认证认可监督管理委员会

（续）

序号	类别	标准号	标准名称	归口单位
58	分析	SN/T 2308—2009	木材防腐剂与防腐处理后木材及其制品中铜、铬和砷的测定　原子吸收光谱法	国家认证认可监督管理委员会
59	分析	SN/T 2406—2009	玩具中木材防腐剂的测定	国家认证认可监督管理委员会
60	分析	SN/T 3025—2011	木材防腐剂杂酚油及杂酚油处理后木材、木制品取样分析方法　杂酚油中苯并[a]芘含量的测定	国家认证认可监督管理委员会
61	评价	LY/T 2146—2024	古建筑木构件的非破坏性检测方法及腐朽分级	全国木材标准化技术委员会
62	评价	LY/T 3044—2018	人造板防腐性能评价	全国人造板标准化技术委员会
63	评价	SB/T 10605—2011	木材防腐企业分类与评价指标	商务部
64	试验	GB/T 13942.1—2009	木材耐久性能　第1部分：天然耐腐性实验室试验方法	全国木材标准化技术委员会
65	试验	GB/T 13942.2—2009	木材耐久性能　第2部分：天然耐久性野外试验方法	全国木材标准化技术委员会
66	试验	GB/T 18260—2015	木材防腐剂对白蚁毒效实验室试验方法	全国木材标准化技术委员会
67	试验	GB/T 18261—2013	防霉剂对木材霉菌及变色菌防治效力的试验方法	全国木材标准化技术委员会
68	试验	GB/T 27655—2011	木材防腐剂性能评估的野外埋地试验方法	全国木材标准化技术委员会
69	试验	GB/T 29896—2013	接触土壤防腐木材的防腐剂流失率测定方法	全国木材标准化技术委员会
70	试验	GB/T 29900—2013	木材防腐剂性能评估的野外近地面试验方法	全国木材标准化技术委员会
71	试验	GB/T 29902—2013	木材防腐剂性能评估的土床试验方法	全国木材标准化技术委员会
72	试验	GB/T 29905—2013	木材防腐剂流失率试验方法	全国木材标准化技术委员会
73	试验	GB/T 32767—2016	木材防腐剂性能评估的野外地上L连接件试验方法	全国木材标准化技术委员会
74	试验	GB/T 33568—2017	户外用木材涂饰表面老化等级与评价方法	全国木材标准化技术委员会
75	试验	GB/T 33569—2017	户外用木材涂饰表面人工老化试验方法	全国木材标准化技术委员会
76	试验	GB/T 34724—2017	接触防腐木材的金属腐蚀速率加速测定方法	全国木材标准化技术委员会
77	试验	GB/T 34726—2017	木材防腐剂对金属的腐蚀速率测定方法	全国木材标准化技术委员会
78	试验	GB/T 35214—2017	无机水载型木材防腐剂固着时间的确定方法	全国木材标准化技术委员会
79	试验	LY/T 1283—2011	木材防腐剂对腐朽菌毒性实验室试验方法	全国木材标准化技术委员会
80	试验	LY/T 1284—2012	木材防腐剂对软腐菌毒性实验室试验方法	全国木材标准化技术委员会
81	试验	LY/T 1985—2011	防腐木材和人造板中五氯苯酚含量的测定方法	全国人造板标准化技术委员会
82	试验	LY/T 2374—2014	防腐木材和阻燃木材中有效药剂透入度测试方法	全国木材标准化技术委员会
83	试验	LY/T 3033—2018	户外用木材涂料人工老化试验方法	全国木材标准化技术委员会
84	试验	LY/T 3296—2022	木结构钉连接防腐性能测试方法	全国木材标准化技术委员会
85	试验	SB/T 10558—2009	防腐木材及木材防腐剂取样方法	工业和信息化部

（续）

序号	类别	标准号	标准名称	归口单位
86	试验	YB/T 5172—2016	木材防腐油试验方法　闪点测定方法	全国钢标准化技术委员会
87	试验	YB/T 5171—2016	木材防腐油试验方法 40℃结晶物测定方法	全国钢标准化技术委员会
88	试验	YB/T 5173—2016	木材防腐油试验方法　流动性测定方法	全国钢标准化技术委员会

附
国内常用防腐处理材种档案

国内常用防腐处理的有樟子松（*Pinus sylvestris* var. *mongolica*）、欧洲赤松（*P. sylvestris*）、南方松（*Pinus* spp.）、辐射松（*P. radiata*）、云南松（*P. yunnanensis*）、马尾松（*P. massoniana*）、杉木（*Cunninghamia lanceolata*）、柳杉（*Cryptomeria fortunei*）、冷杉（*Abies fabri*）等，表5-19～表5-27为各材种档案。

表5-19　樟子松档案

中文名		樟子松		科属		松科松属
别名		蒙古松、海拉尔松		学名		*Pinus sylvestris* var. *mongolica*
主要产地		中国大兴安岭、小兴安岭、内蒙古等；俄罗斯、朝鲜等				
顺纹抗压强度/MPa	抗弯强度/MPa	抗弯弹性模量/GPa	顺纹抗剪强度/MPa		横纹抗压强度/MPa	
			弦面	径面	径向	弦向
31.6	72.5	9.1	7.0	7.4	2.5	2.3
顺纹抗拉/MPa	冲击韧性/（J/m²）	硬度/MPa			抗劈力/MPa	
		端面	径面	弦面	径面	弦面
81.4	355.7	25.1	20.9	21.1	1.2	0.9
构造特征		树皮呈黑褐色，表面为裂片状不规则剥离；边材黄白色或浅黄褐色，窄，心材浅红褐色；纹理直而略均匀，结构中；年轮明显，木射线细，树脂道在肉眼下为点状或孔状；心边材比例大，天然耐腐性为Ⅱ级耐腐等级				
工艺特征		气干密度422～477kg/m³；木质硬度、密度适中，物性指标中等，握钉力中；纹理细直、木纹清晰，变形系数较小；干燥、机械加工、防腐处理工艺性能较好；油漆和胶接性能一般。防腐后易于油漆和着色。我国防腐木材主选材料，一般最长造材规格为6m				
防腐木材适宜用途		除有木纹、色感和高强度要求外，几乎适用于木屋别墅、地板平台、廊架阳台、木桥栈道、园林家具、花架花盆及其他各种户外木制品的结构材和装饰用材。价格适中，性价比高				

表5-20 云南松档案

中文名	云南松				科属	松科松属	
别名	滇松、青松、飞松				学名	*P. yunnanensis*	
主要产地	中国西藏、云南、四川、贵州、广西等；缅甸、越南等						
顺纹抗压强度/MPa	抗弯强度/MPa	抗弯弹性模量/GPa	顺纹抗剪强度/MPa		横纹抗压强度/MPa		
			径面	弦面	径向		弦向
49.8～53.2	82.5～96.5	12.2～13.4	8.6～9.5	9.1～9.8	3.2		4.7
顺纹抗拉强度/MPa	冲击韧性/（J/m²）	硬度/MPa			抗劈力/MPa		
		端面	径面	弦面	径面		弦面
95.2～109.7	492.9～577.2	34.8～44.7	33.2～37.0	36.5	1.0～1.35		1.08～1.29
结构特征	树皮较光滑，微灰，心、边材不明显不规则，乳节少；边材浅黄褐色，甚宽，心材深黄褐色，微红，年轮不明显，宽窄不均，木射线细，树脂道大而多；心边材比例中等，天然耐腐性为Ⅱ级耐腐等级						
工艺特性	气干密度576～624kg/m³；木质硬度、密度中上；纹理直或斜不均，木纹粗放，结构中至粗，易变色，油脂重，未处理材不耐腐；力学强度中上等，握钉力强；涂饰和胶接性能一般。干燥工艺性稍差，较易翘曲变形，机械加工性能较好、防腐处理工艺性一般，防腐后易于油漆和着色。一般最长造材规格为4m						
防腐木材适宜用途	适用于高耐磨要求的场所，木屋别墅、地板平台、廊架阳台、木桥栈道、园林家具、花架花盆及其他各种户外木制品的结构材						

表5-21 马尾松档案

中文名	马尾松				科属	松科松属	
别名	枞树、松木、松柏				学名	*P. massoniana*	
主要产地	中国长江流域以及以南各省份以及河南、陕西、湖北、台湾等						
顺纹抗压强度/MPa	抗弯强度/MPa	抗弯弹性模量/GPa	顺纹抗剪强度/MPa		横纹抗压强度/MPa		
			径面	弦面	径向		弦向
45.0	90.1	12.5	8.7	8.5	4.3		4.3
顺纹抗拉强度/MPa	冲击韧性/（J/m²）	硬度/MPa			抗劈力/MPa		
		端面	径面	弦面	径面		弦面
—	518.4	31.9	30.1	32.7	1.2		1.2
结构特征	树皮深红褐色，微灰，纵裂，长方形剥落，内皮暗红色；心、边材较明显；边材浅黄褐色，甚宽，心材深黄褐色，微红；年轮明显，木射线细，树脂道大而多；心边材比例小，天然耐腐性为Ⅱ级耐腐等级						
工艺特性	气干密度449～648kg/m³；木质硬度、密度适中；纹理直或斜不均，木纹粗放，结构中至粗，易变色，油脂重，自然材不耐腐；力学强度中等，握钉力强；涂饰和胶接性能一般。干燥工艺性不好，易翘曲变形，机械加工、防腐处理工艺性能较好，防腐后易于油漆和着色。原材料资源较丰富，一般最长造材规格为3m						
防腐木材适宜用途	适合小规格、尺寸误差要求不严和变形要求不严的场所，可用于地板平台、廊架阳台、木桥栈道、园林家具、花架花盆及其他各种户外木制小品						

表5-22　欧洲赤松档案

中文名		欧洲赤松		科属	松科松属	
别名				学名	*P. sylvestris*	
主要产地		德国北部、瑞典、挪威、芬兰、俄罗斯、波兰等				
顺纹抗压强度/MPa	抗弯强度/MPa	抗弯弹性模量/GPa	顺纹抗强度剪/MPa		横纹抗压强度/MPa	
			径面	弦面	径向	弦向
38.5	70.0	11.9	9.1	6.4	—	—
顺纹抗拉强度/MPa	冲击韧性/（J/m²）	硬度/MPa			抗劈力/MPa	
		端面	径面	弦面	径面	弦面
—	—	23.2	25.1	22.4	0.73	0.85
结构特征		外表面灰褐色至深灰褐色，具不规则纵横开裂，呈鳞片状脱落，内部深棕色；心边材区别明显；边材宽，白浅黄色，心材呈玫瑰色、浅红色或棕红色；年轮明显；心边材比例小，天然耐腐性为Ⅲ级稍耐腐等级				
工艺特征		气干密度为520～560kg/m³，材质硬至中等，木纹细腻、清晰、美观，自然材易受菌害、虫蛀，易变色。加工易，但由于节疤多、硬制材工艺性较差。因树脂含量相对较低和多孔的结构特点使其干燥、防腐可处理性好				
防腐木材适宜用途		综合性能与樟子松相当，适用于木屋别墅、地板平台、廊架阳台、木桥栈道、园林家具、花架花盆及其他各种户外木制品的结构材和装饰用材等				

表5-23　南方松档案

中文名		南方松		科属	松科松属	
包括种类		长叶松、短叶松、火炬松、湿地松		学名	*Pinus* spp.	
主要产地		美国、加拿大及中美洲国家				
顺纹抗压强度/MPa	抗弯强度/MPa	抗弯弹性模量/GPa	顺纹抗剪强度/MPa		横纹抗压强度/MPa	
			径面	弦面	径向	弦向
49.2	88.0	11.9	12.3	9.9	—	—
顺纹抗拉强度/MPa	冲击韧性/（J/m²）	硬度/MPa			抗劈力/MPa	
		端面	径面	弦面	径面	弦面
—	—	21.5	22.3	20.8	0.85	0.92
结构特征		边材近白至淡黄、橙白色；心材明显，呈淡红褐或浅褐色。含树脂多，生长轮清晰。早晚材过度急变，薄壁组织及木射线不可见，有纵向树脂道及明显的树脂气味。木材纹理直但不均匀；心边材比例很小，天然耐腐性为Ⅱ级耐腐等级				
工艺特征		气干密度为432～550kg/m³，密度、强度中，干缩变形系数大、速度慢。由于其特殊的细胞排列，防腐可处理性非常好。握钉力中，干燥、机械加工好。油漆和胶接性能良好，最大造材规格可达12m				
防腐木材适宜用途		综合性能与樟子松相当，适用于木屋别墅、地板平台、廊架阳台、木桥栈道、园林家具、花架花盆及其他各种户外木制品的结构材和装饰用材				

表5-24　辐射松档案

中文名	辐射松		科属	松科松属
别名			学名	*P.radiata*
主要产地	新西兰、澳大利亚、南非、智利、西班牙和美国加利福尼亚州等			

顺纹抗压强度/MPa	抗弯强度/MPa	抗弯弹性模量/GPa	顺纹抗剪强度/MPa		横纹抗压强度/MPa	
			径面	弦面	径向	弦向
44.0	79.0	10.7	12.0	—	—	—

顺纹抗拉强度/MPa	冲击韧性/（J/m²）	硬度/MPa			抗劈力/MPa	
		端面	径面	弦面	径面	弦面
—	197.9	24.3	21.2	—	—	44.0

结构特征	树皮较厚，外皮灰褐色，具不规则纵横开裂，呈块状脱落，内皮红棕色；心边材区别明显：边材宽，黄白色，心材窄，黄红色；年轮明显，早晚材急变，结构粗；心边材比例一等，天然耐腐性为Ⅳ级不耐腐等级
工艺特征	气干密度为380~500kg/m³，材质轻到中等，结构均匀，强度中偏下、质脆，握钉力中，干缩变形系数小，但节疤处容易局部变形，天然耐腐性差，机械加工后边面光滑细腻，干燥、机械加工、防腐可处理性良好。油漆和胶接性能良好，最大造材规格可达6m
防腐木材适宜用途	综合性能与樟子松相当，适用于木屋别墅、地板平台、廊架阳台、木桥栈道、园林家具、花架花盆及其他各种户外木制品的结构材和装饰用材

表5-25　杉木档案

中文名称	杉木		科属	杉科松属
别名	杉树、江条、杉条、香杉		学名	*Cunnighamia lanceolata*
主要产地	中国长江流域及以南各省份以及河南、陕西、湖北等			

顺纹抗压强度/MPa	抗弯强度/MPa	抗弯弹性模量/GPa	顺纹抗剪强度/MPa		横纹抗压强度/MPa	
			径面	弦面	径向	弦向
38.3	73.7	9.4	6.0	6.2	2.8	3.2

顺纹抗拉强度/MPa	冲击韧性/（J/m²）	硬度/MPa			抗劈力/MPa	
		端面	径面	弦面	径面	弦面
79.1	243.0	30.4	18.5	20.6	0.59	0.66

构造特征	树皮深红褐色，纵向浅裂，呈条状剥落，内皮红褐色；微红，边材较窄，呈黄白色；纹理直，结构中，具有杉木特有的香味；年轮明显，木射线细，有光泽，髓斑明显。我国人工林杉木心边材比例小，天然耐腐性为Ⅱ级耐腐等级
工艺特征	气干密度320~416kg/m³，材质轻软。易干燥，少翘曲开裂，强度中等，握钉力弱。加工易，切削面粗糙，油漆性能差，胶接性能良好
防腐木材适宜用途	适用于对耐磨性、硬度要求不高和非结构件的各种户外木制品，用于木制装饰可谓价廉物美，如墙裙、天花板和小规格木栅栏和贴地龙骨等

表5-26　柳杉档案

中文名称	柳杉		科属	柏科柳杉属	
别名			学名	*Cryptomeria fortunei Hooibrenk*	
主要产地	中国长江流域以南至广东、广西、四川、云南、贵州、西藏				
顺纹抗压强度/MPa	抗弯强度/MPa	抗弯弹性模量/GPa	顺纹抗剪强度/MPa		横纹抗压强度/MPa	
			径面	弦面	径向	弦向
28.5	53.2	8.3	5.2	5.4	2.0	2.1
顺纹抗拉强度/MPa	冲击韧性/（J/m²）	硬度/MPa			抗劈力/MPa	
		端面	径面	弦面	径面	弦面
49.0	216.6	23.2	12.3	15.3	0.60	0.90
构造特征	外表面紫红褐色，深纵裂，呈条状剥落，内部浅紫色。心边材区别明显，常以深紫色为界，为该木材显著特征；边材狭，为黄白色或浅黄色；心材浅红褐色至红褐色；早材至晚材急变，木射线细；我国人工林柳杉心边材比例中等，天然耐腐性为Ⅰ级强耐腐等级				
工艺特征	气干密度341～368kg/m³，材质轻软。少开裂翘曲，强度较低，握钉力弱。易加工，切削面不甚光滑，干燥、机械加工、防腐工艺性好，油漆和胶接性能良好				
防腐木材适宜用途	只适用于无耐磨性和硬度要求及非结构件的各种户外木制品，用于木制装饰，可谓价廉物美，如墙裙、天花板和小规格木栅栏等				

表5-27　冷杉档案

中文名	冷杉		科属	松科松属	
别名	塔杉、柔毛冷杉等		学名	*Abies fabri*	
主要产地	中国四川、西藏、云南、贵州等；缅甸、越南等				
顺纹抗压/MPa	抗弯/MPa	抗弯弹性模量/GPa	顺纹抗剪/MPa		横纹抗压/MPa	
			径面	弦面	径向	弦向
35.5	70.0	10.0	4.9	5.5	2.4	3.3
顺纹抗拉/MPa	冲击韧性/（J/m²）	硬度/MPa			抗劈力/MPa	
		端面	径面	弦面	径面	弦面
97.3	378.3	31.2	17.8	20.5	0.62	0.75
结构特征	树皮深灰褐色，纵裂，呈鳞片状剥落；心边材区别不明显，木材浅褐色或黄褐色带红色；纹理直，略均匀，结构中，有光泽；年轮明显，宽窄不匀，木射线甚细；管胞内含有草酸钙，在横切面上呈白色小点，为显著特征之一；心边材比例中等，天然耐腐性为Ⅱ级耐腐等级				
工艺特征	气干密度433～500kg/m³，材质稍硬重，纤维细密，木纹美观，死节较多；干燥易，有一定的天然耐腐性。强度中上，握钉力强。易加工，切削面光滑，干燥、机械加工、防腐工艺性良好。一般最大造材规格4m				
防腐木材适宜用途	适用于木屋别墅、地板平台、廊架阳台、木桥栈道、园林家具、花架花盆及其他各种户外木制品的结构材和装饰用材				

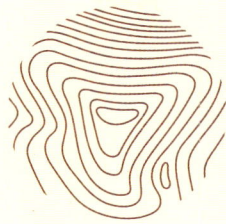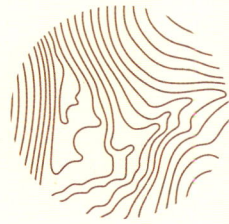

应用案例篇

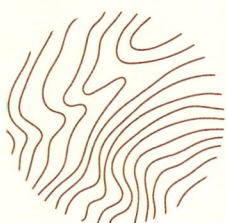

通过相关企业提供的资料，本书编委会成员调研目前相关防腐木工程保存情况，在此汇总了42个国内早期至近年（1980—2020年）经典的防腐木在木结构工程中的应用案例。其中，有些项目已持续了多年，有的地方先后进行了多处建设（表6-1）。

表6-1　中国1980—2020年防腐木应用项目汇总

序号	项目名称	建造时间/年	防腐木树种	防腐剂	防腐等级	防腐木供应机构
1	西藏三大文物保护维修工程防腐项目（一期）	1989—1999	西藏红松、白松、沙棘木、云杉等	CCA、硼类防腐剂	现场处理与加压处理结合	中国林业科学研究院木材工业研究所、铁道部鹰潭木材防腐厂
2	青海塔尔寺古建筑维修防腐项目	始于1992	落叶松、云杉等	CCA、ACQ、CA	现场处理与加压处理结合	中国林业科学研究院木材工业研究所
3	广东省林业科学研究院防腐木建设展示工程（木立柱和吊脚楼）	2000	马尾松、杉木、桉木、樟子松、南方松、榉木	CCA	C3.2	广东省林业科学研究院
4	广东省林业科学研究院防腐木建设展示工程（木半亭）	2000	马尾松、东北松、杉木	CCA	C3.2，C4.1	
5	西藏三大文物保护维修工程防腐项目（二期）	2002—2010	西藏红松、白松、沙棘木、云杉等	CCA、硼类防腐剂、ACQ、CA	C3.2，C4.1	中国林业科学研究院木材工业研究所
6	河南郑州大学湖滨木结构工程	2005	樟子松	CCA	C3.2	上海大不同木业科技有限公司[现国林怡景（靖江）木业科技有限公司]
7	湖南长沙月湖公园木结构工程	2005—2006	南方松	ACQ	C3.2，C4.1	
8	北京奥运会工程木结构	2006	樟子松	CA	C3	北京诚信锦林装饰材料有限公司
9	山东青岛奥林匹克帆船中心木结构工程	2006—2007	南方松、樟子松	CCA	C5	长春新阳光木材产品有限公司
10	山东青岛海滨第一浴场木结构	2006	俄罗斯樟子松	CCA	C5	铁道部鹰潭木材防腐厂
11	陕西西安浐河木结构工程	2006	樟子松	ACQ	C3.2	满洲里康思特景观木业有限责任公司

（续）

序号	项目名称	建造时间/年	防腐木树种	防腐剂	防腐等级	防腐木供应机构
12	江苏天目湖木结构工程（一期）	2006	赤松	CCA	C3.2	上海大不同木业科技有限公司[现国林怡景（靖江）木业科技有限公司]
13	江苏天目湖木结构工程（二期）	2007	赤松	CCA	C3.2	
14	浙江杭州西溪湿地木结构工程（Ⅰ）	2007	赤松	CCA	C3.2	
15	江苏徐州南湖水街木栈桥工程	2008	柳桉	CCA	C4.2	扬州市怡人木业有限公司
16	中国林业科学研究院木材工业研究所野外试验场围栏工程	2008	樟子松	CA-4	C4.1，C3.2	中国林业科学研究院木材工业研究所
17	江苏天目湖木结构工程（三期）	2008	赤松	CCA	C3.2	上海大不同木业科技有限公司[现国林怡景（靖江）木业科技有限公司]
18	云南香格里拉（迪庆）梅里雪山国家公园木结构工程	2008	北欧赤松	CCA	C3.2	
19	浙江杭州西泠印社草木亭	2008	俄罗斯樟子松	CCA	C3	铁道部鹰潭木材防腐厂
20	上海浦东图书馆木结构工程	2009	赤松	CCA	C3.2	上海大不同木业科技有限公司[现国林怡景（靖江）木业科技有限公司]
21	四川成都英郡一期工程	2009	西藏冷云杉	CCA	C3.2	四川省恒希木业有限责任公司
22	上海航海博物馆木结构工程	2009	南方松	CCA	C4.1	上海大不同木业科技有限公司[现国林怡景（靖江）木业科技有限公司]
23	辽宁鲅鱼圈山海广场木栈道工程	2009	樟子松	CCA	C4.1	沈阳枫蓝木业有限公司
24	江苏镇江象山码头木平台工程	2010	樟子松、柳桉	CCA	C4.2	扬州市怡人木业有限公司
25	江苏泰州华侨城木结构工程	2010	赤松	CCA	C4.1	上海大不同木业科技有限公司[现国林怡景（靖江）木业科技有限公司]
26	江西三清山假日酒店木结构工程	2010	赤松	CCA	C3.2	
			波罗格	碳化处理	C3.1及以上	
27	四川汶川县城商业街步道工程	2010	樟子松	CCA	C3.2	四川省恒希木业有限责任公司

（续）

序号	项目名称	建造时间/年	防腐木树种	防腐剂	防腐等级	防腐木供应机构
28	福建宁德仿古木结构建筑	2010	南方松	CCA	C3.2，C4.1	上海大不同木业科技有限公司[现国林怡景（靖江）木业科技有限公司]
29	江苏南京玄武湖湖边栈道	2011	南方松	CCA	C4.1	
30	浙江杭州西溪湿地（Ⅱ）	2011	赤松	CCA	C3.2	
31	浙江杭州西溪湿地（Ⅲ）	2013	赤松	CCA	C3.2	
32	浙江温州洞头区南塘湾公园木结构工程	2013	南方松	CCA	C4.1，C5	
33	四川瓦屋山木结构工程	2013	南方松	CCA+防水剂	C4.1	
34	江苏扬州瘦西湖木结构工程	2013	欧洲赤松	CCA	C4.1	丰胜（广州）建材有限公司
35	西藏纳木错湿地栈道	2013	欧洲赤松	防水剂		丰胜（广州）建材有限公司
36	马来西亚国家铁路轨枕更换（出口）	2013—2019	美国南方松	油类防腐剂	C4.1	铁道部鹰潭木材防腐厂
37	四川九寨沟诺日朗瀑布观光车调度中心木屋	2014	樟子松、南方松和SPF	CA-4	C3.1	四川省恒希木业有限责任公司
38	上海迪士尼乐园探险岛等木结构工程	2014	南方松、赤松	ACQ	C4.1	上海大不同木业科技有限公司[现国林怡景（靖江）木业科技有限公司]
			波罗格	LOSP	C3	
39	西藏拉萨瑞吉度假酒店工程	2015	欧洲赤松	CCA	C3.1	丰胜（广州）建材有限公司
40	贵州湄潭茶园木栈道项目	2015—2016	樟子松	CCA	C3.2	满洲里康思特景观木业有限责任公司
41	港珠澳大桥观景台木地板	2018	脱脂欧洲赤松	CCA	C4.2	丰胜（广州）建材有限公司
42	江苏天目湖木结构工程（第四期）	2020	赤松	CA	C3.2	国林怡景（靖江）木业科技有限公司

从表6-1总结国内早期防腐木应用情况如下：

（1）国内水载型木材防腐剂处理技术最初在古建筑维修工程中应用比较普遍，主要采取现场处理与加压处理相结合的方式。防腐剂最初以硼类防腐剂和CCA为主，也有少量处理用ACQ。

（2）20世纪80年代，防腐工程应用的防腐木以CCA处理为主，少量用ACQ处理；近年，随着环保意识的提高和要求，CA处理防腐木于2006年在北京奥运会工程建设和2008年中国林业科学研究院木材工业研究所野外试验场围栏工程中开始使用，同时期应用在青海塔尔寺的古建筑维修和西藏三大文物工程防腐项目中。2014年在四川九寨沟工程中使用，近几年，国林怡景（靖江）木业科技有限公司在各地工程中应用量较大。

（3）枕木处理一般使用油类防腐剂，近代主要用于出口，如铁道部鹰潭木材防腐厂为马来西亚国家铁路出口的轨枕，采用煤焦油和蒽油配比合成处理。

（4）国内早期工程所用防腐木树种用量较大的为樟子松、南方松和赤松，少数有西藏冷云杉等针叶材；阔叶材用量大的为波罗格，但由于波罗格属于难处理树种，一般采用热处理和轻型有机溶剂型木材防腐剂（LOSP）处理方式提高防腐性能。

（5）国内早期工程防腐木使用分类一般为C3.2和C4.1，青岛奥帆中心项目和温州洞头区南塘湾公园的部分防腐木用于海边工程，使用分类采用C5等级。

（6）国内目前找到防腐木应用的最早工程是2000年前后建成的项目，水载型防腐剂处理的防腐木工程在国内应用了不到30年的历史；目前仍在役的防腐木依然保持着良好的状态，能够继续使用；也有一些早期工程已经拆掉，被拆掉的原因除了不合格防腐木（不规范厂家生产的）导致木材提前结束使用寿命外，很多是由于城市改造和规划更新原因而拆除的。

二

国内早期防腐木
应用经典案例

189 ▶ 西藏三大文物保护维修工程防腐项目

1989年开始，至2024年最早的已近35年

西藏三大重点文物——布达拉宫、罗布林卡和萨迦寺的保护维修工程是国家援藏重点项目，第一期1989—1999年，第二期2002—2010年（图6-1）。其中防腐防虫工程是修缮工程的重点，第一期由中国林业科学研究院木材工业研究所和铁道部鹰潭木材防腐厂共同承担，第二期由中国林业科学研究院木材工业研究所承担，在西藏建成了国内海拔最高的木材防腐厂（图6-2）。所用药剂为CCA和硼类防腐剂，第二期增加了ACQ和CA药剂的使用，采用现场处理结合加压处理（图6-3、图6-4）；所用加压处理设备是铁道部鹰潭木材防腐厂研发的WPC-3型木材防腐加压浸注设备机组（图6-5）。处理的树种主要是西藏红松、白松、沙棘木和云杉等当地树种。

图6-1　维修中的西藏布达拉宫

图6-2　西藏三大文物保护维修
工程木材防腐厂

图6-3　西藏三大文物保护维修
工程中加压处理中的防腐木

图6-4　西藏三大文物保护维修工程中的现场涂刷
处理

图6-5　西藏三大文物保护维修工程防腐处理罐

190 广东省林业科学研究院防腐木建设展示工程

始建于1998年，至2024年已24～26年

立柱　这对木立柱（图6-6）落成于1998年，由广东省林业科学研究院木材保护研究团队研发的CCA防腐剂处理材建设而成，直径约60cm，树种为落羽杉（*Taxodium distichum*），处理标准C4.1等级。同时埋地竖立的有未经处理的同直径落羽杉木柱，经过七八年的风雨洗礼，后者已经完全损毁，而这两个木材立柱历经25年，至今屹立不倒，未见腐朽迹象。

木结构吊脚楼　木结构吊脚楼建成于2000年（图6-6），由广东省林业科学研究院木材保护研究团队研发的CCA防腐剂处理材建设而成，处理标准C3.2等级。所用的木材为广东本地的马尾松、杉木、桉木与樟子松以及国外进口的南方松、榉木。已经过二十余年的风雨侵袭，这座木结构房屋依然坚固如初，现仍常用作会议及办公场所。

木半亭　木半亭建成于2000年（图6-6），由广东省林业科学研究院木材保护研究团队研发的CCA防腐剂处理材建设而成，处理标准C3.2和C4.1等级。木半亭所用的木材分

吊脚楼

木立柱

木半亭

图6-6　防腐木建设展示工程

别为广东本地的马尾松、东北松、杉木。经过二十余年的风雨侵袭，依然坚固如初，用作木亭子的制作展示。

191 河南郑州大学湖滨木结构工程

建成于2025年，至2024年已约20年

该项目于2005年建成，防腐木由原上海大不同木业科技有限公司［现国林怡景（靖江）木业科技有限公司］供材，树种为樟子松，处理防腐剂为CCA，处理标准C3.2等级（图6-7）。

192 湖南长沙月湖公园木结构工程

建成于2005—2006年，至2024年已18～19年

该项目于2005—2006年安装施工，由原上海大不同木业科技有限公司[现国林怡景（靖江）木业科技有限公司]供材。树种为美国南方松，处理防腐剂为ACQ，处理标准C3.2和C4.1等级（图6-8）。

图6-7　郑州大学湖滨木结构工程

图6-8　湖南长沙月湖公园木结构工程

193 山东青岛奥林匹克帆船中心木结构工程

建成于2006—2007年，至2024年已约18年

　　青岛奥林匹克帆船中心坐落于青岛市东部新区浮山湾畔，原址为北海船厂，建成于2006—2007年。2008年8月9—23日该中心圆满出色地承办了第二十九届（北京）奥运会

在青岛分赛场9个级别11个帆船项目的比赛，彰显了"绿色奥运、科技奥运、人文奥运"三大理念，为国际奥林匹克运动留下了一笔宝贵的物质遗产。该中心的建设项目中用到的浮码头、泊位木、定位桩、防护堤和桥下护栏等皆为防腐木，是CCA处理的南方松和樟子松，处理标准为C5等级，由长春新阳光木材产品有限公司处理。如图6-9所示，桥护栏上虽然已经附有很多贝类，但防腐木仍完好。围挡木上可见为增强防腐剂渗透而做的刻痕处理。

图6-9　山东青岛奥林匹克帆船中心木结构工程

194 陕西西安灞河木结构工程

建成于2006年，至2024年已约18年，但目前由于工程改造已被拆掉

2006年，陕西西安灞河广运潭生态治理工程项目的木结构工程用材，由满洲里康思特景观木业有限责任公司负责制作，加工工艺为：尺寸为足尺93mm×43mm木材烘干至

含水率15%以下后精加工，采用ACQ防腐剂连续加压处理，处理标准C3.2等级。所用的木材均为俄罗斯西伯利亚优质樟子松，总用量为1000m³以上（图6-10）。

图6-10　陕西西安灞河木结构工程

195 ▶ 江苏天目湖木结构工程（一、二、三、四期）

建成于2006—2007年，至2024年已约18年

该项目位于江苏省常州市溧阳市，2006年建成一期木结构工程（图6-11），2007年建造了二期大面积的木结构工程（图6-12），2008年建造了三期大面积的木结构工程（图6-13）。2020年建造了四期木结构工程（图6-14）。防腐木由原上海大不同木业科技有限公司[现国林怡景（靖江）木业科技有限公司]供材，树种为赤松，处理防腐剂为CCA，处理标准C3.2等级。

图6-11　江苏天目湖木结构工程（一期）

图6-12　江苏天目湖木结构工程（二期）

图6-13 江苏天目湖木结构工程（三期）

图6-14 江苏天目湖木结构工程（四期）

196 浙江杭州西溪湿地木结构工程

始建于2007年，至2024年已近17年

该项目于2007年、2011年、2013年先后进行多地方施工，部分为原上海大不同木业科技有限公司[现国林怡景（靖江）木业科技有限公司]供材。采用的红雪松和花旗松(主要用于装饰，拉丝处理)，防腐木用的树种为赤松，处理防腐剂为CCA，处理标准C3.2等级（图6-15）。

图6-15　浙江杭州西溪湿地木结构

197 江苏徐州南湖水街木栈桥工程

建成于2008年，至2024年已约16年

水街木栈桥坐落在徐州南湖水街，建成于2008年，由扬州市怡人木业有限公司供材建设，树种为柳桉，处理防腐剂为CCA，处理标准C4.2等级，至今已有16年，现正常使用中（图6-16）。

图6-16　江苏徐州南湖水街木栈桥

198 中国林业科学研究院木材工业研究所野外试验场围栏工程

建成于2008年，至2024年已约16年

该项目围栏及门亭于2008年建成，树种为樟子松，防腐剂为CA-4，柱子处理标准为C4.1等级，其他构件处理标准为C3.2等级（图6-17）。

图6-17　中国林业科学研究院木材工业研究所野外试验场围栏

199 云南香格里拉（迪庆）梅里雪山国家公园木结构工程

建成于2008年，至2024年已约16年

梅里雪山国家公园位于云南省迪庆藏族自治州德钦县境内，金沙江大拐弯观景平台飞来寺景观平台工程于2008年安装施工。防腐木由原上海大不同木业科技有限公司[现国林怡景（靖江）木业科技有限公司]供材，树种为北欧赤松，处理防腐剂为CCA，处理标准C3.2等级（图6-18）。

图6-18　梅里雪山国家公园飞来寺景观平台

200 上海浦东图书馆木结构工程

建成于2009年，至2024年已15年

该项目于2009年建成，防腐木由原上海大不同木业科技有限公司[现国林怡景（靖江）木业科技有限公司]供材。树种为赤松，处理防腐剂为CCA，处理标准C3.2等级（图6-19）。

图6-19　上海浦东图书馆木步道

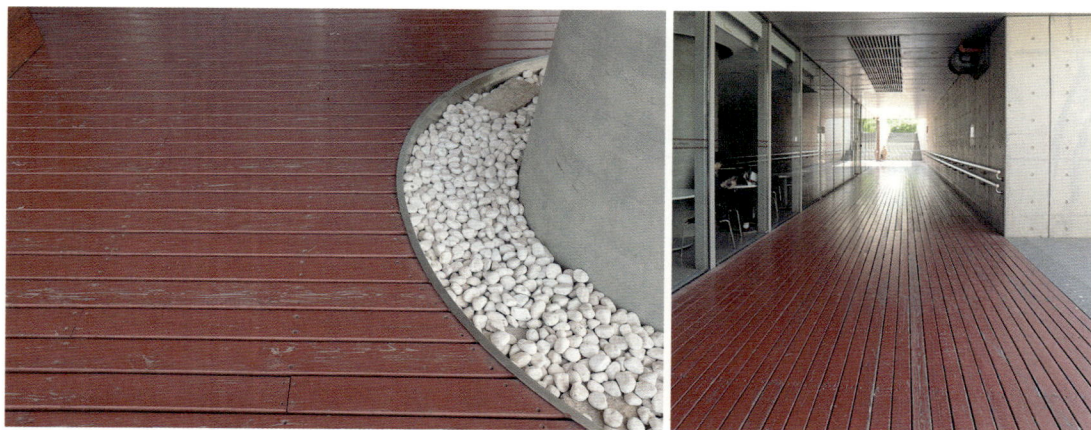

图6-19 上海浦东图书馆木步道（续）

201 ▶ 四川成都英郡一期工程

建成于2009年，至2024年已约15年

2009年修建的成都英郡一期项目，底楼户外木平台约800m²，树种采用西藏冷云杉，处理防腐剂为CCA，处理标准C3.2等级，使用量60m²，由四川省恒希木业有限责任公司供材。目前仍在正常使用（图6-20）。

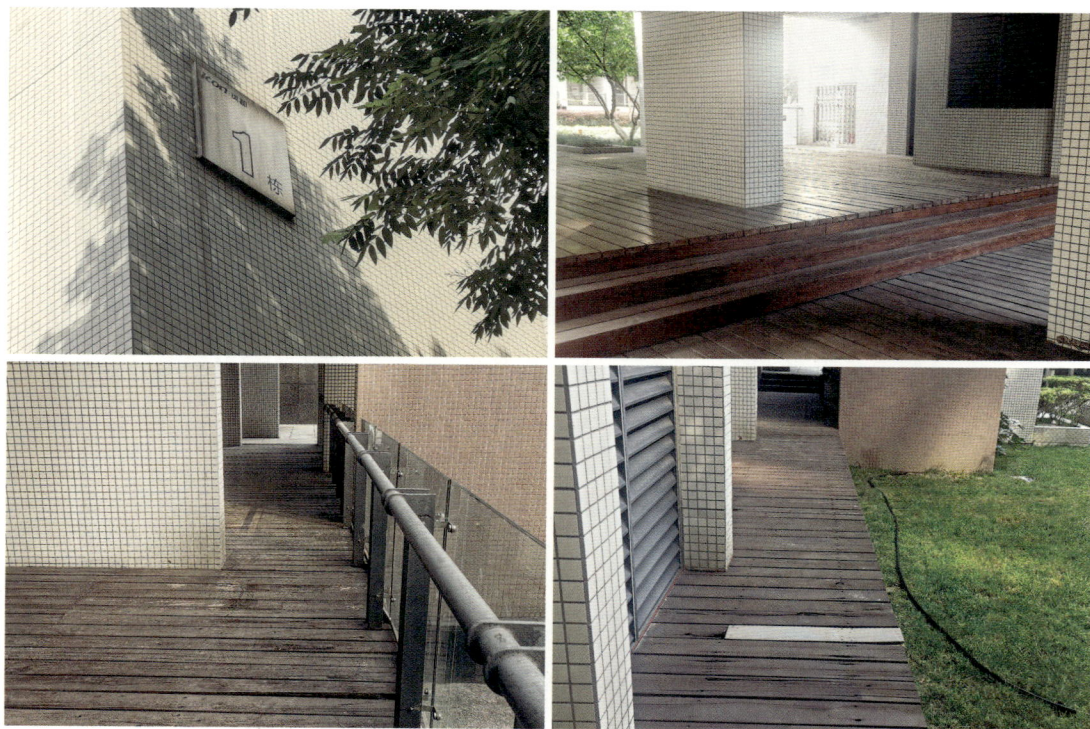

图6-20 四川成都英郡一期木结构

202 上海航海博物馆木结构工程

建成于2009年，至2024年已约15年

该项目于2009年建成，由原上海大不同木业科技有限公司[现国林怡景（靖江）木业科技有限公司]供材。树种为南方松，处理防腐剂为CCA，处理标准C4.1等级（图6-21）。

图6-21　上海航海博物馆木平台

203 辽宁鲅鱼圈山海广场木栈道工程

建成于2009年，至2024年已约15年

山海广场景区位于辽宁省营口开发区（鲅鱼圈）西部海滨旅游带，占地面积约30万 m^2，由山海广场、新月牙湾浴场、观海堤（栈桥）、观景台及鲅鱼公主雕塑等组成。该项目于2008年初开工建设，2009年底基本建成，总投资约3.5亿元。山海广场景区是集旅游观光、度假、休闲娱乐、健身运动等多功能的一流黄金海岸旅游带。

其中，木栈道工程面积超2万 m^2，树种为樟子松，干燥方式为窑干，CCA防腐剂，处理标准C4.1等级，防腐剂载药量超过6.4kg/ m^2，防腐木栈道工程造价达600多万元，由沈阳枫蓝木业有限公司供材。从竣工投入使用以来，防腐木栈道不仅经受着风雨洗礼，而

且还不断被海水侵蚀，可以说，这个项目接受着最严苛的环境考验，但建成至今15年之后，防腐木栈道不仅没有被海水腐蚀掉，部分被海沙掩埋的部分，甚至依然保持完好！体现了防腐木绝佳的防腐性能（图6-22、图6-23）。

图6-22　建设中的辽宁鲅鱼圈山海广场木栈道

图6-23　辽宁鲅鱼圈山海广场木栈道近照（2024年）

204 江苏镇江象山码头木平台工程

建成于2010年，至2024年已14年

江苏镇江象山码头游客中心的木平台，建成于2010年，由扬州市怡人木业有限公司防腐木建设而成。木平台地板树种为樟子松，木护栏树种为柳桉，处理防腐剂为CCA，处理标准C4.2等级。至今已有14年，现正常使用中（图6-24）。

图6-24　江苏镇江象山码头木平台

205 江苏泰州华侨城木结构工程

建成于2010年，至2024年已14年

该项目于2010年建成，原上海大不同木业科技有限公司[现国林怡景（靖江）木业科技有限公司]供材。树种为赤松，处理防腐剂为CCA，处理标准C4.1等级（图6-25）。

图6-25　江苏泰州华侨城木栈道

206 江西三清山假日酒店木结构工程

建成于2010年，至2024年已14年

该项目于2010年建成，原上海大不同木业科技有限公司[现国林怡景（靖江）木业科技有限公司]供材。树种为赤松，处理防腐剂为CCA，处理标准C3.2等级；部分树种为波罗格，采用深度炭化处理（图6-26）。

图6-26　江西三清山假日酒店及其木结构

207 ▶ 四川汶川县城商业街步道工程

建成于2010年，至2024年已约14年

2010年建成的汶川县商业街步道项目。木平台约2000㎡，树种为樟子松，处理防腐剂为CCA，处理等级为C3.2等级，木材使用量超130m³，由四川省恒希木业有限责任公司供材（图6-27、图6-28）。

图6-27　建设中的汶川县商业街步道

图6-28　汶川县商业街步道近照（2024年）

208 ▶ 江苏南京玄武湖湖边栈道

建成于2011年，至2024年已约13年

该项目于2011年建成，由原上海大不同木业科技有限公司[现国林怡景（靖江）木业科技有限公司]供材。树种为南方松，处理防腐剂为CCA，处理标准C4.1等级（图6-29）。

图6-29　江苏南京玄武湖湖边栈道

209 ▶ 浙江温州洞头区南塘湾公园木结构工程

建成于2013年，至2024年已约11年

该项目于2013年建成，由上海大不同木业科技有限公司[现国林怡景（靖江）木业科技有限公司]供材，树种为美国南方松，处理防腐剂为CCA，处理标准：海桩木C5等级，地板C4.1等级（图6-30）。

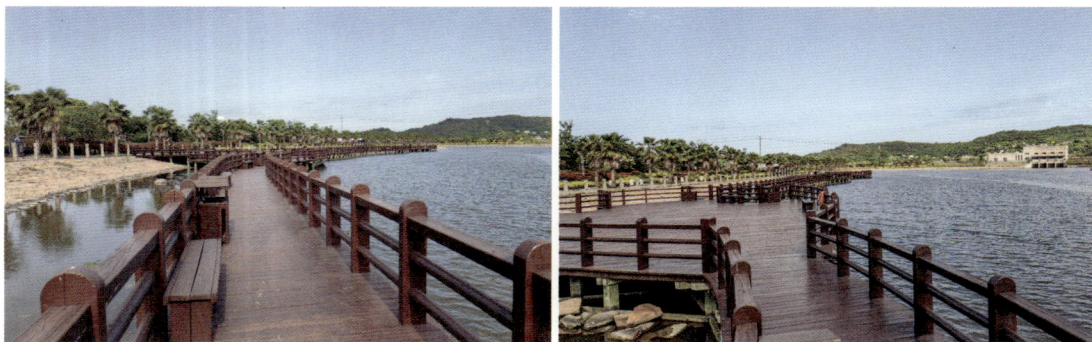

图6-30　浙江温州洞头区南塘湾公园木结构工程

210 ▶ 四川瓦屋山木结构工程

建成于2013年，至2024年已约11年

该项目于2013年建设，原上海大不同木业科技有限公司[现国林怡景（靖江）木业科技有限公司]供材，树种为美国南方松，防腐剂为CCA，处理时添加了防水剂，处理标准C4.1等级。目前为止，防腐同时防开裂效果非常好（图6-31）。

图6-31　四川瓦屋山木结构工程

211 江苏扬州瘦西湖木结构工程

建成于2013年，至2024年约11年

江苏扬州瘦西湖是国家重点风景名胜区，亭台楼阁、小桥流水、树林山丘，有"园林之盛，甲于天下"之誉。当地根据景区历史名迹、生态园林的文旅特点，应用丰胜（广州）建材有限公司的防腐木结合砖混结构建造了餐饮、住宿、会所等商业建筑，从2013年建成迄今已有十年之余。树和是用芬兰、瑞典进口欧洲赤松，防腐剂为CCA，处理标准C4.1等级。所有木外饰面均涂刷了水性耐候环保树脂漆，历经风雨，依然保持较好的外观色泽（图6-32）。

图6-32 江苏扬州瘦西湖木结构

212 西藏纳木错湿地栈道

建成于2013年，至2024年已11年

纳木错是西藏最大的内陆湖，是世界上最高的大湖，海拔4718m。该项目为景区湖边和湿地栈道，采用50mm×100mm欧洲赤松制作的防腐木地板，于2013年建成投入使用，由丰胜（广州）建材有限公司供材。由于当地气候较为极端，雨、旱季节分明，多风同时年均日照时间长，冬季又气候高寒，冰封期长达5个月。为此设计了染色防腐配方，同

图6-33　西藏纳木错湿地栈道

时添加了有机防水剂，具有很好的抗紫外线和防开裂性能（图6-33）。

213 四川九寨沟诺日朗瀑布观光车调度中心木屋

建成于2014年，至2024年约10年

　　2014年修建的九寨沟景区诺日朗瀑布观光车调度中心木屋，目前保持完好。经历了2018年的地震，目前仍然正常使用中。树种为樟子松、南方松和SPF，防腐剂为铜唑CA-4，处理标准C3.1等级。木屋建筑面积100 ㎡左右，木材使用量约30m²，由四川省恒希木业有限责任公司供材（图6-34、图6-35）。

图6-34　建设中的诺日朗瀑布观光车调度中心木屋

图6-35　诺日朗瀑布观光车调度中心木屋近照（2024年）

214　上海迪士尼乐园探险岛等木结构工程

建成于2014年，至2024年约10年

该项目于2014年建成，由原上海大不同木业科技有限公司[现国林怡景（靖江）木业科技有限公司]供材。树种主要是南方松、赤松，防腐剂为ACQ，处理标准C4.1等级；其中海盗船用材为波罗格，LOSP防腐处理，处理标准C3.2等级（图6-36）。

图6-36　上海迪士尼乐园探险岛游玩区木结构

图6-36　上海迪士尼乐园探险岛游玩区木结构（续）

215 西藏拉萨瑞吉度假酒店工程

建成于2015年，至2024年约9年

继丰胜（广州）建材有限公司2013年完成西藏纳木错湿地栈道建设后，拉萨瑞吉度假酒店作为西藏首家国际奢华品牌酒店，也在2015年使用了该公司防腐木装饰门头、外墙立面等，树种为欧洲赤松，防腐剂为CCA，处理标准为C3.1等级（图6-37）。

图6-37　西藏拉萨瑞吉度假酒店及其木结构门头

216 贵州湄潭茶园木栈道项目

建成于2015—2016年，至2024年已8～9年

该项目建成于2015—2016年，该项目长达几十千米，使用防腐木6000m³以上，木栈道面板由满洲里康思特景观木业有限责任公司负责制作，加工工艺：尺寸为足尺93mm×43mm木材，烘干至含水率15%以下后精加工，处理防腐剂为CCA，处理标准C3.2等级。所用的木材均为俄罗斯西伯利亚优质樟子松。目前已经过8～9年的风雨侵袭，这座木栈道（游步道）依然坚固如初，现仍用于休闲观光（图6-38）。

图6-38　贵州湄潭茶园木栈道（2023年）

217 港珠澳大桥观景台木地板

建成于2018年，至2024年已6年

中国举世瞩目的世界最长跨海大桥——港珠澳大桥，通过人工岛衔接跨海桥段和海底隧道。东西两个人工岛上的观景露天平台全部铺设的是丰胜（广州）建材有限公司的防腐木地板，总面积达9700㎡，于2018年投入使用。该项目采用高温脱脂加CCA防腐处理工艺，材料树种为欧洲赤松，处理标准C4.2等级。同时地板表面应用仿古拉丝和侧钉安装技术，使成品外观独具特色、历久弥新（图6-39、图6-40）。

图6-39　港珠澳大桥观景台全貌

图6-40　港珠澳大桥观景台

（三）美国现代防腐木应用（得克萨斯州）

　　美国是森林资源丰富的国家，树木从生长到成材砍伐一般需要30～35年。合理砍伐利用，能确保森林一直保持在健康水平并能够提供木材建房循环利用和永续应用。防腐木在美国主要用于电线杆、房屋建筑木构件、园林景观、市政设施等。

218 防腐木电线杆

　　电线杆用木质的优势：木质电线杆虽然粗而壮，显得笨重，但能负及多重线路且加载附加输电装置，金属电线杆难以代替（图6-41、图6-42）；木质电线杆属生物材料，生产较水泥钢铁耗能少；可持续发展和更替。防腐木电线杆目前在居民社区仍普遍采用，属于室外接地环境（图6-43）。电线杆使用铜类防腐剂加压浸注防腐，经过刻痕处理，呈现绿色（图6-44）。而金属薄壳电线杆，仅用于社区道路照明。

图6-41　防腐木电线杆输电线路

图6-42　防腐木电线杆附有多条电线

图6-43　防腐木电线杆接地埋置

图6-44　经含铜防腐剂处理木
　　　　质电线杆（呈绿色）

219▶ 房屋建筑防腐木构件

在美国，木材主要用于建房，一般规定房子要确保70年的使用寿命。房屋构件种类繁多，但并不是所有的木构件都做防腐处理，在哪些地段和部位的木构件需要使用防腐木，相关规范对此有明确规定。建房的木构件种类有实木板方材、"工"字形刨花板、外墙高密度纤维板、指接胶合木衬条、室内间隔纤维板、屋面高密度胶合刨花板等；可分为两大类，一是实木板方材，这是整个房架的支持和着力构件；二是胶合的各种板材。建房过程大致为：

建地基　建房前埋设水、电、气管路和铺建水泥地基。

架设木屋架　先架设房屋的木屋架，从一层架至二层（图6-45、图6-46）。图6-45左边工人肩扛的"工"字形高强度刨花板，用于上下两层的外墙横向着力支承构件（图6-46上、下两层衔接所示）正中的厚木方是门框。铺设水泥地面的板材均为防腐木。房子地基水泥地面铺设经防腐后的垫板方，然后其上竖立衬板方。室内紧贴水泥地面的是经防腐处理的绿色垫板（图6-45）。门框和正门门框为板方材（图6-47）。这类用材与水泥地面接触，或与外墙的砖体接触；地面潮湿或雨水浸湿往往带来木构件腐朽，需用防腐木。

贴板和砌砖　屋架外层贴板（高密度纤维板，蓝色纸贴面）（图6-48）、砌砖（图6-49）。图6-50为砌砖后房屋雏形。

图6-45　房架第一层：铺设水泥地面的板方材均为防腐木

图6-46　屋架两层之间用刨花板工字梁

图6-47　建设中的车库大门

图6-48　房屋外层贴板

图6-49　房屋外层贴板后外层砌砖

图6-50　房屋建造雏形侧面

建设房屋后院木栅栏　木栅栏在屋外，接地使用，须使用防腐木（图6-51）。横立的板材也有不做防腐处理的，但其接地的垫方木和竖立的骨架方木均做了防腐处理（图6-52）。

图6-51　木栅栏防腐木方桩

图6-52　木栅栏

220 公园和市政木结构设施

公园的木亭、木桥、木椅、道路护桩和木塔，均采用了防腐木（图6-53～图6-57）。

图6-53　木亭一角（柱和地面木板均为防腐木）

图6-54　木桥（防腐木地板）

图6-55　木椅（椅子木方腿和地板均为防腐木）

图6-56　道路护坡接地木桩为防腐木

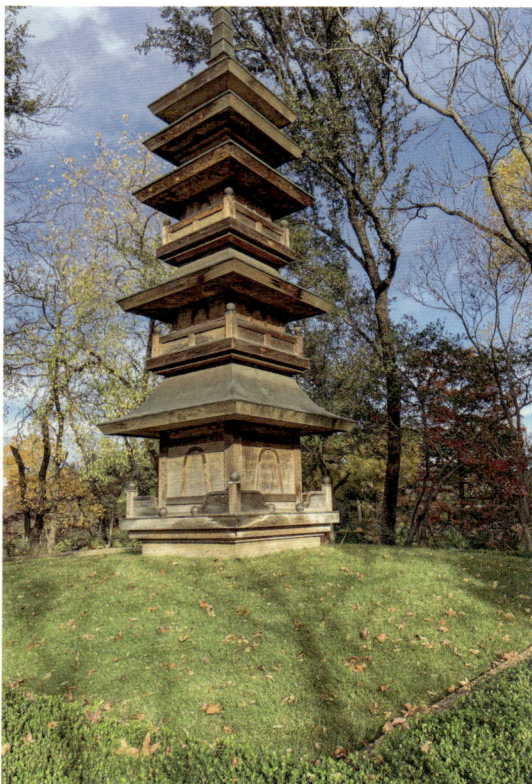

图6-57　木塔底层木结构为防腐木

221 销售市场中防腐木制品

美国家居超市（home deport）销售的家居板方材，素材和防腐材分层堆放，颜色呈浅绿色的为防腐材，顶层为素材（图6-58）。图6-59是从美国家居超市购买的木板方材。端面和端头都贴有标签，标签一般所示信息：木板方材防腐处理方式和等级及使用的防腐剂等。

图6-58　美国家居超市商店销售的木板方材
（第二层为防腐木）

图6-59　购买的防腐木端面和端头标签

参考文献

曹金珍, 2018. 木材保护与改性[M]. 北京: 中国林业出版社.

曹金珍. 2006. 国外木材防腐技术和研究现状. 林业科学, 42(7): 120–126.

成俊卿. 1985. 木材学[M]. 北京: 中国林业出版社

陈利芳, 张燕君, 2003. 木材防腐剂CCB中有效成分硼的测定方法探讨[J]. 林产化工通讯(3): 9–11.

陈志林, 傅峰, 叶克林, 2007. 我国木材资源利用现状和木材回收利用技术措施[J]. 中国人造板(5): 1–3.

龚正, 袁少飞, 张建, 等, 2018. 重组竹材生产设备现状及发展趋势[J]. 林业机械与木工设备, 46(9): 4–9.

谷悦, 张鸿翎, 2023. 木材在户外景观小品中的应用研究[J]. 科技创新与应用, 13(6): 170–173.

蒋明亮, 2006. 国内外木材防腐新技术的开发与应用[J]. 木材工业(2): 23–25.

蒋明亮, 费本华, 2002. 木材防腐的现状及研究开发方向[J]. 世界林业研究, 15(3): 44–48.

劳万里, 段新芳, 吕斌, 等, 2022. 碳达峰碳中和目标下木材工业的发展路径分析[J]. 木材科学与技术, 36(1): 87–91.

李坚, 2022. 木材保护学[M]. 3版. 北京: 科学出版社.

李明晗, 2022. 辐射松木材阻燃防腐性能的研究[D]. 南京: 南京林业大学.

李世民, 王梦丹, 黄斌, 等, 2020. 建水指林寺大殿木构件材种鉴定及配置研究[J]. 文物保护与考古科学, 32(3): 91–98.

李晓娟. 2015. 现代园林绿化施工的新兴材料: 防腐木[J]. 现代园艺(13): 131–132.

李晓文, 席丽霞, 蒋明亮, 2017. 5种三唑微乳液及其铜胺制剂的抗流失性能[J]. 林业科学, 53(3): 147–153.

李玉栋, 2002. 美国宣布将限制CCA防腐剂处理木材[J]. 国际木业(4): 7–8.

李玉栋, 2006. 防腐木材应用指南[M]. 北京: 中国建筑工业出版社

刘波, 付跃进, 马星霞, 等, 2021. 木材生物病害严重区域古建筑木构件树种选择及与生物病害的关系[J]. 林业科学, 57(12): 108–121.

刘人源, 曾珠亮, 李权, 2023. 4种防腐处理橡胶本及其炭化材的色差与耐腐性能研究[J]. 林产工业, 60(8): 7–11.

马星霞, 蒋明亮, 李志强, 2011. 木材生物降解与保护[M]. 北京: 中国林业出版社.

马星霞, 王洁瑛, 蒋明亮, 等, 2011. 中国陆地木材生物危害等级的区域划分[J]. 林业科学, 47(12): 129–135.

马星霞, 王艳华, 贺大龙, 等, 2021. 古建筑木结构病害与保护[M]. 北京: 中国林业出版社.

孟阳, 陈薇, 2019. 中国古代木构建筑营造如何用木[J]. 建筑学报(10): 41–45.

"故宫古建筑木构件树种配置模式研究" 课题组, 2007. 故宫武英殿建筑群木构件树种及其配置研究[J]. 故宫博物院院刊, 132(4): 6–27.

平立娟, 刘君良, 王喜明, 2020. 高温高湿处理对樟子松脱脂率及微观结构的影响[J]. 木材工业, 34(4): 38–42.

宋立, 2015. 浙江白蚁[M]. 杭州: 浙江教育出版社.

宋晓钢, 程冬保, 2020. 世界白蚁中文名录[M]. 杭州: 浙江大学出版社.

王卿平, 曹金珍, 张景朋, 等, 2019. 含三唑复合防腐剂及其竹处理材的金属腐蚀性能[J]. 北京林业大学学报, 41(10): 128–136.

王平, 马星霞, 吕慧梅, 等, 2011. 西藏三大重点文物木结构防腐防虫技术(一)[J]. 木材工业, 25(6): 44–47.

王平, 马星霞, 吕慧梅, 等, 2012. 西藏三大重点文物木结构防腐防虫技术(二)[J]. 木材工业, 26(1): 51–54.

王卫滨, 叶若琛, 乔慧芳, 等, 2022. 长治长子小张碧云寺主殿若干问题探讨[J]. 木材科学与技术, 36(3): 72–79.

杨晓梅, 2011. CCA的应用现状及环境与人体健康评估[J]. 四川林业科技,32(1): 69–73.

张璐, 杨小军, 2019. 户外用木材产品特点及研究进展[J]. 林业机械与木工设备,47(5): 13–17.

张亚慧, 齐越, 雍娟, 等, 2022. 自然保护地工程项目建筑材料的科学选用[J]. 自然保护地,2(3): 75–81.

DEL C C, ERICKSON E, DONG T, et al, 2021. Intracellular pathways for lignin catabolism in white–rot fungi[J]. Proc Natl Acad Sci U S A. Mar 2;118(9): e2017381118.

ERLANDSSON M, ODEEN K, EDLUND M L, 1992. Environmental consequences of various materials in utility poles–a life–cycle analysis[C]// 23rd annual meeting of international research group on wood preservation, Harrogate, UK.

SOLO–GABRIELE H M, ATHENA J, JUNIPER M, et al, 2016. Trends in Waterborne Treated Wood Productionand Implications for Wood Waste Disposal. American Wood Protection Association Proceedings, 112: 151–162.

KEAR G, WÚ H, JONES M S, 2009. Weight loss studies of fastener materials corrosion in contact with timbers treated with copper azole and alkaline copper quaternary compounds[J]. Corrosion Science, 51: 252–262.

KIRKER G, BRISCHKE C, PASSARINI L, et al, 2020. Salt damage in wood: controlled laboratory exposures and mechanical property measurements. Wood and Fiber Science. 52(1): 44–52.

SIMPSON STRONG–TIE COMPANY INC, 2008. Preservative treated wood: TPT WOOD08–R 7/08 exp. 1/11[R]. Oakland: Simpson Strong–Tie Company Inc.

ZELINKA S L, RAMMER D R, STONE D S, et al, 2007. Direct current testing to measure corrosiveness of wood preservatives[J]. Corrosion Science, 49: 1673–1685.

ZELINKA S L, RAMMER D R, 2011. Synthesis of published and unpublished corrosion data from long term tests of fasteners embedded in wood: calculation of corrosion rates and the effect of corrosion on lateral joint strength[C]//NACE International Corrosion 2011 Conference & Expo, Paper No. 11163. Houston: NACE International: 1–13.

ZELINKA S L, RAMMER D R, 2009. Corrosion rates of fasteners in treated wood exposed to 100% relative humidity[J]. Journal of Materials in Civil Engineering, 21: 758–763.